Rolf Dieter Schraft · Ralf Kaun

Automatisierung der Produktion

Springer-Verlag Berlin Heidelberg GmbH

Rolf Dieter Schraft · Ralf Kaun

Automatisierung der Produktion

Erfolgsfaktoren und Vorgehen in der Praxis

Mit 61 Abbildungen

Springer

Prof. Dr.-Ing. Dr. h.c. Rolf Dieter Schraft
Dr.-Ing. Ralf Kaun
Fraunhofer-Institut für Produktionstechnik
und Automatisierung
Nobelstraße 12
70569 Stuttgart

Die Deutsche Bibliothek - CIP-Einheitsaufnahme
Schraft, Rolf D.:
Automatisierung der Produktion: Erfolgsfaktoren und Vorgehen in der Praxis
Rolf D. Schraft; Ralf Kaun
Berlin; Heidelberg; NewYork; Barcelona; Budapest; Hongkong; London; Mailand;
Paris; Singapur; Tokio: Springer 1998

ISBN 978-3-662-05951-7   ISBN 978-3-662-05950-0 (eBook)
DOI 10.1007/978-3-662-05950-0

© Springer-Verlag Berlin Heidelberg 1998
Ursprünglich erschienen bei Springer-Verlag Berlin Heidelberg New York 1998.
Softcover reprint of the hardcover 1st edition 1998

Einbandentwurf: de'blik, Berlin
Satz: Reproduktionsfertige Vorlage der Autoren
SPIN: 10654453   7/3020 - 5 4 3 2 1 0 - Gedruckt auf säurefreiem Papier

Vorwort

Die Verantwortlichen in einem produzierenden Unternehmen sind nicht immer zu beneiden, denn es wird zunehmend schwerer, ein Unternehmen erfolgreich zu führen. Gesättigte Märkte, anspruchsvolle Kunden und eine immer härtere Konkurrenz lassen die Gewinnmargen ständig schrumpfen. Etwas muß im Unternehmen geschehen, um effizienter zu werden, so viel ist klar.

Wie aber soll man die Problematik angehen? Eine inzwischen umfangreiche Literatur verspricht mit den unterschiedlichsten Maßnahmen Abhilfe zu schaffen. Es wird empfohlen, die Unternehmensstrategie zu ändern und wieder zu wachsen, statt schlanker zu werden. Die Bildung virtueller Unternehmen soll ein flexibleres, marktnäheres Handeln ermöglichen. Der Wandel im Unternehmen sowie die Innovationen sollen systematisch „gemanagt" werden. Eine aktivere Einkaufs- und Preispolitik soll zu einer Optimierung von Beschaffung und Vertrieb führen usw. Auffällig an diesen Vorschlägen ist, daß es sich dabei nahezu ausschließlich um betriebswirtschaftliche Managementthemen handelt.

Nur: ein Unternehmen, das vom Verkauf seiner eigenen Erzeugnisse lebt, muß diese zunächst einmal produzieren – und zwar effizient. Besonders wichtig ist dies an Hochlohnstandorten wie Deutschland. Die Produktion ist immer noch das Herz eines Unternehmens, daran ändert auch der beste Einkauf oder der aggressivste Vertrieb nichts.

Es ist daher um so erstaunlicher, daß bislang nur wenige der Frage nach einer effizienten Produktion nachgegangen sind. Bisher in der Literatur veröffentlichte Maßnahmen beschränkten sich fast nur auf die organisatorische Seite einer Produktion. Und in der Tat sind mit Maßnahmen zur Reorganisation der Produktion, wie Segmentierung, Just-in-time-Materialversorgung oder Gruppenarbeit, bereits viele Erfolge erzielt worden. Beinahe sträflich vernachlässigt wurde dagegen das Thema Produktions*technik*. Vor allem die *Automatisierung* der Produktion ist eine wichtige Säule zur Effizienzsteigerung, und die damit gemachten Erfahrungen sind überwiegend positiv. In vielen Fällen gibt es zu Automatisierungstechnik ohnehin keine Alternative.

Nur ist bis heute weitgehend unbekannt, warum es einigen Unternehmen gelingt, Automatisierungstechnik äußerst zielgerichtet und erfolgreich einzusetzen, und warum andere im Umgang mit Automatisierungstechnik große Probleme haben.

Angesichts der beträchtlichen Investitionsmittel, die größere Automatisierungsprojekte erfordern, und dem enormen Zeit- und Erfolgsdruck ist es unabdingbar, daß Manager und Projektverantwortliche die entscheidenden *Erfolgsfaktoren* für die *Automatisierung* der Produktion genau kennen.

Im vorliegenden Buch werden daher erstmals die Erfolgsfaktoren bei der Planung und beim Einsatz von Automatisierungstechnik genannt und präzise beschrieben. Schwachstellen im Projektmanagement von Automatisierungsvorhaben werden offengelegt, und es wird ein Überblick über die wichtigsten Defizite und Entwicklungstrends der Automatisierungstechnik gegeben.

Das Buch basiert auf speziell durchgeführten Studien und Recherchen sowie den Erfahrungen mit Industriekunden, die das Fraunhofer-Institut für Produktionstechnik und Automatisierung (IPA) in Stuttgart, eines der führenden Institute auf diesem Gebiet, in der täglichen Praxis sammelte.

Bei den Arbeiten zu diesem Buch haben uns einige Kollegen unterstützt. Ganz besonderen Dank schulden wir Claus Kuhn, Markus Mersinger und Carsten O'Beirne für ihre Unterstützung bei den umfangreichen Vorarbeiten. Für ihre Bereitschaft zum kritischen Dialog während der Entstehung des Manuskriptes sowie die vielen Anregungen danken wir vor allem Claus Kuhn, Stefan Schmid und Carsten O'Beirne.

Ohne das sorgfältige Lektorat von Nadja Lupke-Niederich und der kompetenten, vertrauensvollen Zusammenarbeit mit Eva Hestermann-Beyerle, Susanna Pohl und Gaby Maas vom Springer-Verlag wäre das Buch in der vorliegenden Form sicher nicht entstanden. Deshalb gilt auch ihnen unser Dank.

Stuttgart, im März 1998

Rolf Dieter Schraft
Ralf Kaun

Inhaltsverzeichnis

1 Die Ausgangssituation: Ist Automatisierung noch aktuell?

> *„Wir erzielen das beste Ergebnis, wenn wir unsere Organisation und die Produktionsprozesse vereinfachen und dann weitestgehend automatisieren."*

Die Verantwortlichen in den Unternehmen arbeiten täglich hart daran, die Konkurrenzfähigkeit ihrer Unternehmen nicht nur zu erhalten, sondern stets weiter zu verbessern. Das ist nicht neu und war schon immer die Aufgabe von Führungskräften. Und doch scheint sich seit Ende der 80er Jahre im Umfeld der Unternehmen einiges radikal geändert zu haben, was die Führungskräfte vor ungeahnte Herausforderungen stellt. Der hierdurch – nicht nur – auf deutsche Unternehmen ausgeübte Druck hat eine bislang nicht für möglich gehaltene Höhe erreicht, ohne daß ein Ende dieser Entwicklung abzusehen wäre. Doch woher kommt dieser Druck?

Was sich im Unternehmensumfeld geändert hat

Da ist zum einen der Markt, der sich radikal gewandelt hat. Die Kunden werden wählerischer, individueller und preisbewußter, aber auch unberechenbarer. Tendenziell steigt die Zahl der Varianten eines Produktes seit Jahren ständig an. Da die Märkte in vielen Bereichen weitgehend gesättigt sind, sinken fast zwangsläufig die Losgrößen. Es wird immer schwieriger, diese Produkte zu geringen Kosten in kurzer Zeit zu entwickeln und herzustellen.

Einerseits gibt es Produkte, die eine enorme Markenbindung erzeugen und für die (fast) jeder Preis verlangt werden kann. Andererseits kommen zunehmend Produkte auf den Markt, deren Herkunft – und bis zu einem gewissen Grad auch Qualität – zweitrangig ist, so lange der Preis „stimmt". Zusätzlich gibt es immer mehr Produkte, die trendabhängig sind. Sie müssen in kurzer Zeit in großen Mengen verfügbar sein und haben nur eine äußerst kurze Lebensdauer.

Und noch etwas kommt hinzu: Der Verbraucher will immer mehr umsorgt werden und sich nicht „nur" ein Produkt, sondern ein Stück Lebensgefühl kaufen. Es reicht nicht mehr, ein gutes Produkt herzustellen. Gefragt sind auch ein geschicktes Marketing und eine besondere Kundenbetreuung.

Doch nicht nur der Markt, auch die Wettbewerbssituation hat sich radikal gewandelt. Als Hemmschuh bezeichnen viele Führungskräfte in der Öffentlichkeit die Standortbedingungen in Deutschland: zu hohe Lohnstückkosten, zu kurze Betriebsnutzungszeiten, zu lange Genehmigungsverfahren, zu hohe Steuern usw. Verglichen mit anderen Ländern, nicht nur in Asien, ist die Standortkritik sicher nicht ungerechtfertigt. Unter vier Augen geben jedoch viele Führungskräfte zu, daß der Standort Deutschland so schlecht gar nicht sei. In einigen Bereichen, wie bei der Flexibilisierung der Arbeitszeit, habe man große Fortschritte gemacht, und die Kombination von gut ausgebildetem Personal und großem Absatzmarkt sei ein wichtiger Vorteil. Außerdem gäbe es auch in den Unternehmen noch viele Probleme zu lösen, die weitgehend unabhängig von den Standortbedingungen seien.

Neben oftmals ungünstigen Standortbedingungen ist es vor allem die Globalisierung der Wirtschaft, die den deutschen Unternehmen zu schaffen macht. Diese treffen seit den 80er Jahren in ihren angestammten Absatzmärkten auf immer neue Wettbewerber aus Südostasien, China oder Osteuropa. Aber auch aus West- und Südeuropa, Japan oder den USA kommt immer härtere Konkurrenz. Die Wettbewerber produzieren meist kostengünstiger, reagieren flexibel auf Kundenwünsche und setzen Innovationen bei Produkten und Prozessen teilweise wesentlicher schneller um. In bestimmten Unternehmen oder Ländern erarbeitetes Know-how verbreitet sich immer schneller über den Globus, so daß sich die Produktionsmethoden zunehmend ähneln.

Wie die Effizienz der Produktion gesteigert wird

Was aber tun, um die für viele deutsche Unternehmen prekäre Lage zu verbessern? Was haben Unternehmen in der Vergangenheit getan, um am Markt erfolgreicher zu agieren und vor der Konkurrenz wieder einen Vorsprung zu gewinnen? Sieht man einmal von günstigeren

Einkaufsquellen und einer Verbesserung des Vertriebs zur Marktausweitung ab, so konzentrierten sich die Optimierungsmaßnahmen zwangsläufig auf die Produktion.

Vom Beginn der industriellen Revolution in England um 1750 bis zu den Anfängen der Massenproduktion ab Mitte des 19. Jahrhunderts in Amerika waren es vor allem Innovationen bei den Produktionsmethoden und der Produktions*technik* (Präzision, Mechanisierung, Automatisierung usw.), welche die Wettbewerbsfähigkeit steigerten, indem sie zur Rationalisierung und Qualitätsverbesserung beitrugen.

Erst mit dem ab etwa 1890 entwickelten Konzept der wissenschaftlichen Betriebsführung von F. W. Taylor, der sich unter anderem mit der genauen Analyse von Arbeitsabläufen beschäftigte, traten erstmals organisatorische Maßnahmen deutlich in den Vordergrund. Berühmtestes Beispiel hierfür ist das Organisationsprinzip der Fließfertigung des Ford T-Modells, mit der Henry Ford 1913 erstmals ein Automobil auf diese revolutionäre Weise herstellte.

Bereits in den 20er Jahren wurden die Nachteile für die Arbeiter kritisiert, welche die extreme Arbeitsteilung, die Taktbindung an Maschinen und die Durchorganisation der Produktion mit sich brachten. Mit dem Aufkommen von Produkten, die in immer zahlreicheren Varianten und kleineren Losen herzustellen waren, wurden jedoch nach dem zweiten Weltkrieg auch die organisatorischen Grenzen der Fließfertigung deutlich sichtbar.

Abhilfe versprach zunächst wieder die Technik. Mit dem Einsatz erst numerisch- und später computergesteuerter Werkzeugmaschinen sowie mit Fertigungsinseln hoffte man, das Flexibilitäts- und Produktivitätsproblem allein lösen zu können, ohne wesentlich in die Organisation der Produktion eingreifen zu müssen. Immerhin verbanden manche Unternehmen die Einführung flexibler Automatisierungstechnik auch mit der Einführung von Gruppenarbeit, die Mitte der 80er Jahre an Bedeutung gewann. Begleitet wurde diese Entwicklung von der forcierten Anwendung weiterer Computertechnologien, deren Endpunkt die Entwicklung des Computer integrated manufacturing (CIM)-Konzeptes gegen Ende der 80er Jahre war. Doch in einigen Unternehmen wollten sich die erhofften Rationalisierungssprünge nicht so recht einstellen.

Immer mehr Führungskräfte erkannten, daß Fehler gemacht worden waren. Viele Fragen drängten sich auf. Wie konnte man nur annehmen, daß die Abbildung des dynamischen Systems „Unternehmen" in einen Rechner angesichts der sich rasch wandelnden Märkte auf Dauer funktionierte? Waren die Maschinen nicht zu komplex geraten, und dauerte das Umrüsten nicht zu lange? Hatte man überhaupt an den richtigen Stellen automatisiert?

Viele der Fragen hatten ihre Berechtigung, und man fand schnell heraus, daß mit den neuen Technologien die bestehenden Strukturen zementiert worden waren. Die Planer hatten versäumt, diese zuerst radikal zu vereinfachen und an die Erfordernisse der Technologien anzupassen. Doch kamen die Erkenntnisse einer falschen Anwendung von Automatisierungstechnik und der mangelnden Vorbereitung der Produktionsstrukturen und -technik zu spät.

Mitten in diese Phase einer gewissen Ratlosigkeit kam Anfang der 90er Jahre frohe Kunde aus Japan. *Lean production* schien eine Lösung für die zahlreichen Probleme in der Produktion zu sein und markierte den Beginn einer Welle von organisatorisch und betriebswirtschaftlich geprägten Managementphilosophien, die bis heute noch nicht abgeebbt ist. Business process reengineering, Total quality management, Downsizing, lernendes Unternehmen usw. waren über Nacht in aller Munde.

Die meisten dieser Philosophien wurden von den Medien begeistert aufgenommen. Und nicht wenige Führungskräfte in den Unternehmen dachten, allein mit der Hinwendung zu organisatorischen Maßnahmen, wie beispielsweise der verstärkten Einführung (teil-)autonomer Arbeitsgruppen, ihre Rationalisierungs- und Flexibilitätsprobleme in der Produktion lösen zu können.

Organisation oder Technik?

Doch auch im Zusammenhang mit den neuen Managementphilosophien gab und gibt es große Enttäuschungen, denn ihre Umsetzung gilt häufig als schwierig. Manch einer fragt sich auch, inwieweit japanische Managementphilosophien auf westliche Verhältnisse übertragbar sind. Lean production ist ein gutes Beispiel für diese Problematik. Durch die „Lean"-Welle wurde das Personal in der Produktion so stark ausgedünnt, daß die verbliebenen Arbeitskräfte unter der Last der Arbeit stöhnen. Vor allem in Boomphasen muß ungelerntes Personal „abgespeckte" Kernmannschaften in der Produktion ergänzen; der Produktivität und Qualität ist dies nicht gerade förderlich.

Zudem scheint Lean production für die flexible Großserienherstellung weitgehend standardisierter Produkte besser geeignet zu sein als für Klein- und Mittelserien, wie sie in vielen kleineren und mittleren Unternehmen üblich sind. Ihre Stärke basiert u.a. gerade darauf, nicht schlank zu sein, sondern über eine höhere Fertigungstiefe und damit über viel Know-how sowie eine höhere Lieferflexibilität zu verfügen.

Auch die übrigen Unternehmensbereiche blieben Dank *Lean management* von Personalabbau nicht verschont. Der personelle Aderlaß führte manche Unternehmen an den Rand der Existenzgefährdung, da viele Know-how-Träger verloren gingen.

Aufgrund der Mängel und Grenzen vieler Managementphilosophien hat in den Unternehmen wieder ein Umdenken begonnen. Die seit etwa 1994 steil ansteigenden Umsatzzahlen der Automatisierungstechnik-Hersteller belegen diesen Trend. Ohne massive Automatisierung der Produktion geht es nicht, das wird immer klarer. Nur muß die Automatisierungstechnik flexibel, überschaubar, möglichst einfach aufgebaut und leicht bedienbar sein. Voraussetzung für ihren erfolgreichen Einsatz ist eine sinnvolle Restrukturierung der Produktion. Fertigungs- und Montagesegmentierung sowie die radikale Vereinfachung der Produktionsabläufe seien hier beispielhaft genannt. Es geht also in Zukunft darum, innovative Organisationsformen mit einer für die jeweilige Anwendung genau passenden Automatisierungstechnik zu kombinieren. Ein Geschäftsführer, der damit sehr erfolgreich ist, formulierte das so: *„Wir erzielen das beste Ergebnis, wenn wir unsere Organisation und die Produktionsprozesse vereinfachen und dann weitestgehend automatisieren."*

Fazit

Deutsche Unternehmen stehen unter einem enormen Druck von außen, weil sich seit Ende der 80er Jahre ihr Umfeld radikal gewandelt hat. Die Kunden werden immer anspruchsvoller und unberechenbarer. Es wird ständig schwieriger, die geforderten Produkte zu geringen Kosten in kurzer Zeit zu entwickeln und herzustellen. Hinzu kommen immer neue und härtere Wettbewerber aus Europa, den USA und Asien.

Um gegen die Konkurrenz bestehen zu können, bleibt den deutschen Unternehmen nur ein Ausweg: die konsequente Optimierung der Produktion. Dachten viele Führungskräfte noch Anfang der 90er

Jahre, die Effizienz ihrer Produktion hauptsächlich mit organisatorischen Maßnahmen wie Lean production oder Business process reengineering steigern zu können, so hat mittlerweile – nach einigen Enttäuschungen – ein Umdenken begonnen.

Immer mehr Verantwortlichen wird klar, daß in vielen Fällen nur mit Hilfe einer massiven Automatisierung der Produktion die Wettbewerbsfähigkeit deutscher Unternehmen erhalten oder gar ausgebaut werden kann. Nur muß die Automatisierungstechnik flexibel, einfach aufgebaut sowie leicht zu bedienen sein. Voraussetzung für den erfolgreichen Einsatz von Automatisierungstechnik ist allerdings eine zuvor durchgeführte Vereinfachung der Produkte sowie der Organisation und der Prozesse in der Produktion.

2 Unternehmenserfolg und Automatisierung der Produktion: Der Zusammenhang

> *„Wir haben nur eine Möglichkeit:*
> *konsequentes Automatisieren."*

Unternehmensziele und -ausrichtung

Die wichtigsten strategischen Ziele eines Unternehmens lauten *langfristige Unternehmenssicherung* sowie *Gewinnerzielung* und *-maximierung* – auch wenn letzteres nicht alle Führungskräfte in der Öffentlichkeit gerne zugeben. Je nach Unternehmenssituation sind fast immer weitere strategische Ziele, wie verstärkte Kundenorientierung, Qualitätsmaximierung oder hohe Liefertreue vorhanden.

In gut geführten Unternehmen verfügen oft auch einzelne Abteilungen oder Funktionsbereiche über eigene strategische Ziele, die sich aus den übergeordneten strategischen Zielen ableiten. Strategisches Ziel des Vertriebs kann es sein, den Absatzmarkt auszuweiten, wogegen die Personalabteilung beispielsweise das unternehmerische Denken aller Mitarbeiter fördern möchte.

Die operativen Ziele leiten sich aus den strategischen Zielen ab. Für die Produktion sind dies z.B. Rationalisierung bzw. Produktivitätssteigerung, höhere Prozeßkonstanz[1], kürzere Durchlaufzeiten oder höhere Produkt- und Prozeßflexibilität.

Die wichtigsten Ziele sind nur dann sicher zu erreichen, wenn daraus geeignete Strategien abgeleitet werden (Abb. 2.1). Für jede Strategie sind Maßnahmen zur Umsetzung zu beschließen und in regelmäßigen Abständen zu überprüfen.

Ist das Produkt oder Produktspektrum eines Unternehmens definiert, so hat dies einen erheblichen Einfluß auf die Gestaltung der Produktion [1]. Diese befindet sich in einem Spannungsfeld zwischen einer Ausrichtung nach *Menge* oder nach *Vielfalt*, die es wirtschaftlich

---

[1] Mit „Prozeß" ist immer ein Produktionsprozeß gemeint.

Abb. 2.1. Übergeordnete Unternehmensstrategien (nach Westkämper; ergänzt)

zu beherrschen gilt (Abb. 2.2). Je nach Produkt oder der jeweiligen Situation bei einer bestimmten Stufe des Wertschöpfungsprozesses sollten sich die betroffenen Bereiche der Produktion an den Prinzipien der *Menge* oder der *Vielfalt* orientierten. Nur wenn einzelne Produktionsteile einen Schwerpunkt hinsichtlich *Vielfalt* oder *Menge* aufweisen, ist es möglich, Produktionsteile zu optimieren. Eine durchgängig einheitliche Ausrichtung der Produktion nach *Menge* oder *Vielfalt* ist dagegen eher selten. Das zu erzielende Gesamtoptimum wird sich daher im Normalfall aus den Optima von Produktionsteilen zusammensetzen, die sowohl nach *Vielfalt* als auch nach *Menge* ausgerichtet sein können.

Maßnahmen zur Verbesserung der Gewinnsituation

Muß ein Unternehmen seinen Gewinn steigern, stehen ihm mehrere „offensive" Maßnahmen zur Verfügung:

- Günstigerer Einkauf von Rohstoffen, Halbfertigprodukten usw. sowohl in Deutschland als auch weltweit (Global sourcing). Diese Maßnahme läßt sich häufig durchsetzen, wird aber immer noch viel zu selten angewendet.

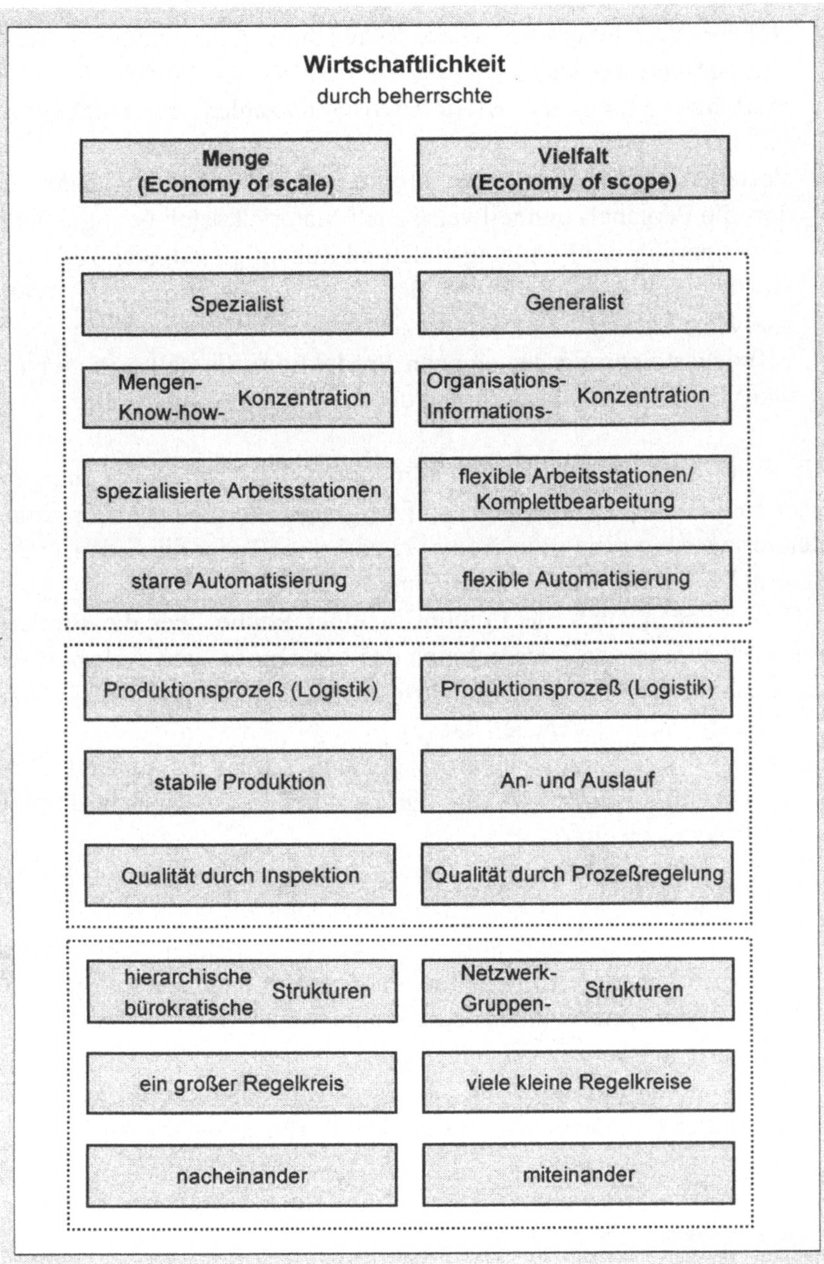

Abb. 2.2. Übergeordnete Aspekte des wirtschaftlichen Produzierens durch Beherrschung von *Menge* oder *Vielfalt* (nach [1]; ergänzt)

- Höhere Verkaufspreise. Diese Maßnahme kann immer seltener durchgesetzt werden.
- Marktausweitung, da bei höheren Stückzahlen die Stückkosten fallen.
- Verlagerung der kompletten Produktion in Niedriglohnländer, da dort die Personal- und teilweise auch Materialkosten geringer sind.
- Verringerung der Fertigungstiefe und Zukauf günstigerer Teile.
- Kostenorientiertes Redesign der Produkte, z.B. mittels Wertanalyse.
- Effizienzsteigerung der eigenen Produktion. Sie sollte immer mit einer Optimierungsbetrachtung der Produkte gekoppelt sein.

Bis heute herrscht in vielen Unternehmen die Ansicht vor, nur mit einer radikalen Verringerung der Fertigungstiefe oder gar der Komplettverlagerung der Produktion in Niedriglohnländer die Existenz des Unternehmens langfristig sichern zu können.

Dies belegen auch die Ergebnisse einer Studie über die Produktionsverlagerung von Unternehmen des Maschinen- und Anlagenbaus ins Ausland, die der Verband deutscher Maschinen- und Anlagenbau (VDMA) in Auftrag gegeben hat [2]:

- Rund 40 % der Unternehmen produzieren bereits im Ausland. 90 % dieser Unternehmen wollen die bestehende Auslandsproduktion sogar noch erweitern.
- Weitere 24 % der befragten Unternehmen planen, in Zukunft erstmals eine Produktion im Ausland aufzunehmen.
- Bei der Verlagerung von Produktionskapazitäten bevorzugen kleine und mittlere Unternehmen die osteuropäischen Reformstaaten. Große Unternehmen interessieren sich darüber hinaus für Standorte in Südostasien und China.
- Bei kleineren und mittleren Unternehmen stehen die Produktionskosten bei Entscheidungen über eine Verlagerung ins Ausland im Vordergrund.
- Bei großen Unternehmen kommt zum Kostenaspekt die Möglichkeit zur Markterschließung hinzu.
- Bei den Kosten steht eine Reduzierung der Personalkosten im Vordergrund. Aber auch längere Arbeits- und Maschinenlaufzeiten sowie Steuervorteile spielen eine Rolle.

Wie in Kap. 4 ausführlich erläutert wird, erfüllen sich die hohen Erwartungen an eine Produktion im Ausland häufig nicht. Typische Probleme sind:

- Qualitätsmängel,
- unzureichende Lieferfähigkeit,
- Mangel an ausreichend qualifizierten Arbeitskräften,
- mangelhafte Infrastruktur (Verkehrswege, Energieversorgung),
- zu lange Reaktionszeiten auf Marktänderungen und
- Know-how-Verluste durch Trennung von Entwicklung und Produktion.

Kommen eine Verringerung der Fertigungstiefe oder eine Produktion im Ausland nicht in Frage, so muß auf jeden Fall die Effizienz der eigenen Produktion am Standort Deutschland gesteigert werden. Wie Abb. 2.3 zeigt, gibt es hierfür unterschiedliche Maßnahmen. Im wesentlichen werden organisations- und humanzentrierte sowie technikzentrierte Maßnahmen unterschieden. Wie bereits in Kap. 1 erwähnt, erlangten Maßnahmen der erstgenannten Gruppe in den Unternehmen und Medien vor allem zu Beginn der 90er Jahre eine große Beliebtheit.

Einen Eindruck von der Verbreitung der Optimierungsmaßnahmen in den produzierenden Unternehmen gibt Abb. 2.4. Nach unseren Untersuchungen werden in rund 75 % aller Unternehmen Maßnahmen zur bedarfsgesteuerten Logistik mit minimierten Materialpuffern nach dem Just-in-time-Prinzip ergriffen. Knapp 60 % versuchen ständig, die Produktion weiter zu automatisieren. Dagegen ergreifen nur 14 % Maßnahmen, um den Automatisierungsgrad in der Produktion teilweise zu verringern. Dies ist vor allem dann der Fall, wenn in einer bestehenden Produktion extreme Anforderungen an die Flexibilität automatischer Handhabungs-, Transport- und Verpackungssysteme gestellt werden. Vergrößert sich beispielsweise die Variantenvielfalt, ggf. bei abnehmenden Losgrößen, so kann eine bereits installierte Automatisierungstechnik evtl. nicht mehr weiter verwendet werden. Die Gründe sind entweder konstruktiver oder wirtschaftlicher Art, beispielsweise, wenn das Umrüsten von Betriebsmitteln zu lange dauert oder die Auslastung gesunken ist.

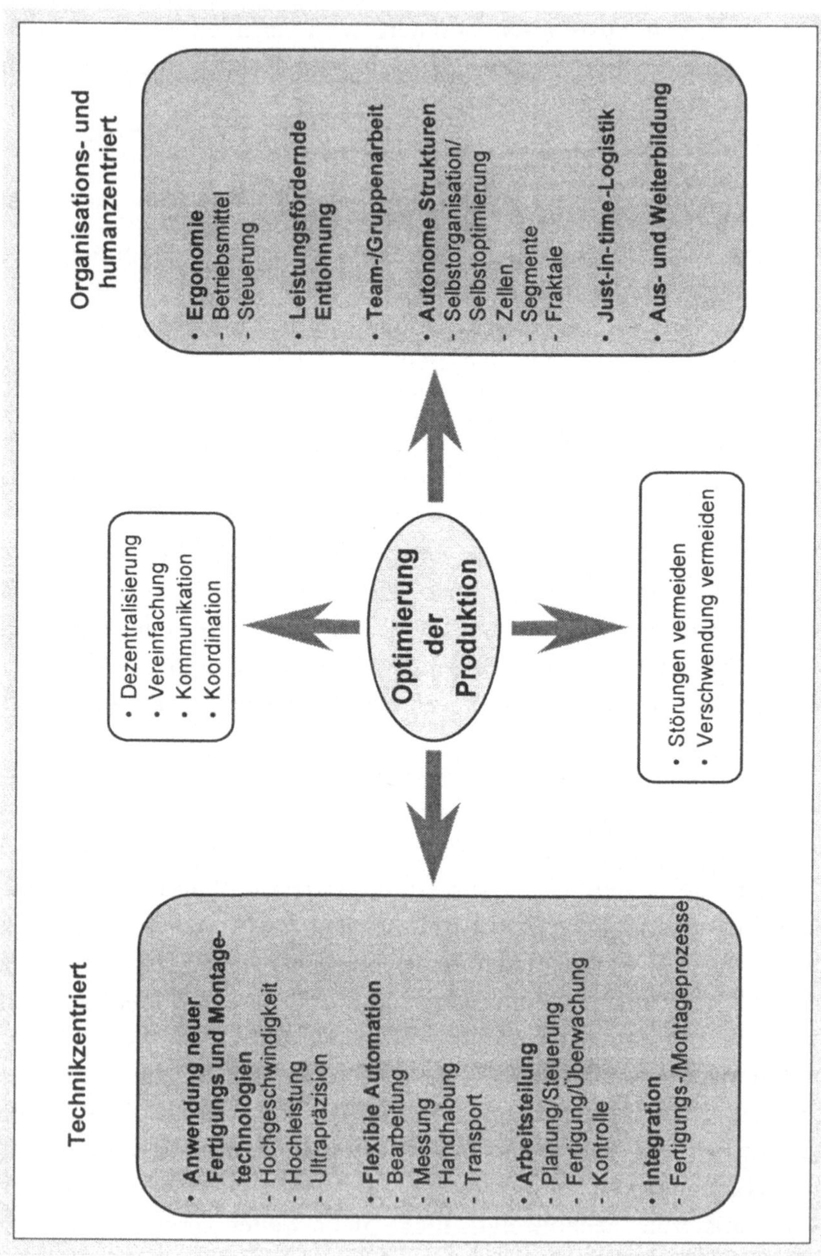

Abb. 2.3. Maßnahmen zur Optimierung der Produktion (nach Westkämper; ergänzt)

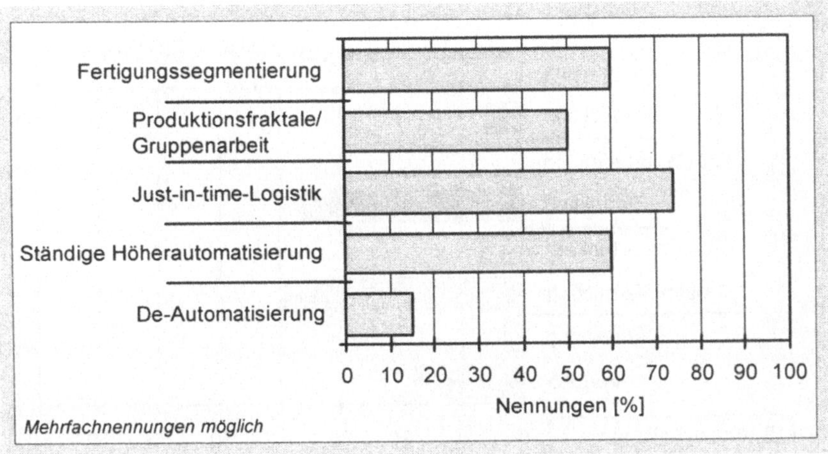

Abb. 2.4. Verbreitung ausgewählter Maßnahmen der Produktionsoptimierung

In vielen Fällen ist jedoch eine signifikante Optimierung der Produktion *ausschließlich* mit technikzentrierten Maßnahmen, wie die Automatisierung von Handhabungsaufgaben (im weitesten Sinne) oder von Transport- sowie Bearbeitungsaufgaben, möglich. Dies belegt auch die Äußerung des Geschäftsführers eines Kraftfahrzeugzulieferers im Interview: „*Wir haben nur eine Möglichkeit: konsequentes Automatisieren.* "

Das Hauptmotiv beim Einsatz von Automatisierungstechnik besteht in der Rationalisierung, d. h. der Einsparung von Personalkosten bzw. der Produktivitätserhöhung, und der Gewährleistung einer konstanten, hohen Produkt- und Prozeßqualität.

Es wurde bereits erwähnt, daß Optimierungsmaßnahmen in der Produktion – dies gilt insbesondere auch für die Automatisierung – sinnvollerweise mit einer Produktbetrachtung und -optimierung verbunden sein sollten. Dies verdeutlicht die Aufgliederung der Unternehmensbereiche nach Kosten*festlegung* und nach Kosten*verursachung* (Abb. 2.5).

Produktion und Arbeitsvorbereitung legen nur 20% der Selbstkosten eines Produktes fest, verursachen jedoch 36% der Selbstkosten [3]. Die Entwicklungs- und Konstruktionsabteilungen dagegen legen 70% der Selbstkosten fest. Sie selbst tragen aber nur zu einem kleinen Teil (6%) zu den Selbstkosten bei.

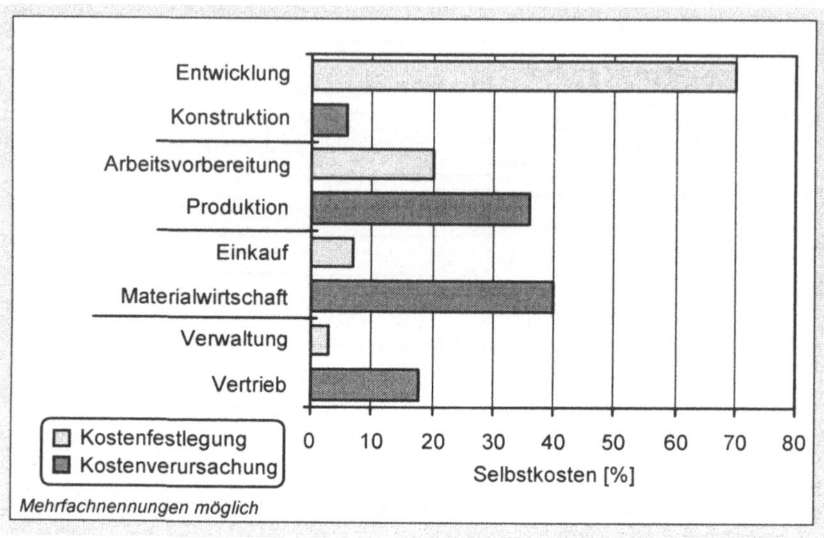

Abb. 2.5. Kostenfestlegung und -verursachung in den Unternehmensbereichen (Durchschnittswerte) [3]

Diese extremen Unterschiede machen deutlich, daß die größten Kosteneinsparungspotentiale prinzipiell beim Produkt und nicht in der Produktion liegen. Eine Tatsache, die bis heute immer noch nicht ausreichend berücksichtigt wird.

Fazit

Zur Erfüllung der wichtigsten strategischen Unternehmensziele *Gewinnerzielung* und *-maximierung* sowie *langfristige Unternehmenssicherung* kommen unterschiedliche Maßnahmen in Frage. In kritischen Ertragssituationen sehen Führungskräfte häufig nur die Alternative, im Ausland zu produzieren. Nicht immer wird ernsthaft genug geprüft, ob nicht mit einer Automatisierung der Produktion der Standort in Deutschland erhalten werden könnte.

Wollen Unternehmen hinsichtlich einer Produktivitäts- und Qualitätssteigerung merkliche Erfolge erzielen, so kommt aus der Palette möglicher Optimierungsmaßnahmen in vielen Fällen *ausschließlich* der konsequente Einsatz von *Automatisierungstechnik* in Betracht.

Literatur

1 Warnecke, H.-J.: Die Fraktale Fabrik: Revolution der Unternehmenskultur. Berlin u. a.: Springer, 1992
2 Dichtl, E., Hardock, P.: Produktionsverlagerung von Unternehmen des Maschinen- und Anlagenbaus ins Ausland: Ergebnisse einer empirischen Studie. Frankfurt: Maschinenbau, 1997
3 Richtlinie VDI 2235: Wirtschaftliche Entscheidungen beim Konstruieren: Methoden und Hilfen. Düsseldorf: VDI, 1987

3 Produkt- und Produktionskompetenzen von Unternehmen: Alles im Griff?

„Unser Produkt kann
jeder herstellen.“

Wenn es um den Unternehmenserfolg geht, sprechen Manager gerne von *Kompetenz*. Vor allem in Verbindung mit der Diskussion um das Für und Wider der Shareholder-value-Philosophie, hat dieser Begriff eine besondere Bedeutung erfahren. In der Öffentlichkeit ist so der Eindruck entstanden, jedes Unternehmen habe seine spezifischen Kompetenzen. Findet man diese und baut sie aus, sei ein wichtiger Grundpfeiler für den Unternehmenserfolg gelegt.

Unabhängig vom Wahrheitsgehalt dieser These ist die große Abhängigkeit des Unternehmenserfolges von den eigenen Produkten, der generellen Wettbewerbssituation und der Differenzierung zu Wettbewerbern eine Binsenweisheit. Man sollte also annehmen, daß jedes nur einigermaßen erfolgreich am Markt operierende Unternehmen Bereiche aufzuweisen hat, in denen es sich überdurchschnittlich kompetent fühlt.

Nach unseren Erkenntnissen ist die tatsächliche Situation in vielen Unternehmen ganz anders. Fragt man nicht die Marketing-Experten eines Unternehmens, sondern Geschäftsführer, Produktionsleiter, Produktentwickler usw. „unter vier Augen“, ergibt sich ein erstaunliches Bild. Nie hätten wir damit gerechnet, bei unseren Interviews mit der Frage *„Welche Kompetenzen zeichnet ihr Unternehmen in den Bereichen Produkte, Produktionsprozesse und -technik im Vergleich zum Wettbewerb und absolut aus?“* auf so viel Zögern und Nachdenklichkeit zu stoßen. Spontane Antworten waren die Ausnahme. Der Produktionsleiter eines Unternehmens aus der Baubranche gab die Meinung vieler interviewter Führungskräfte wieder, als er sagte: *„Unser Produkt kann jeder herstellen.“* Erst im Verlauf intensiver Diskussionen mit den Interviewpartnern gelang es, die für das Unternehmen charakteristischen Kompetenzen zu ermitteln.

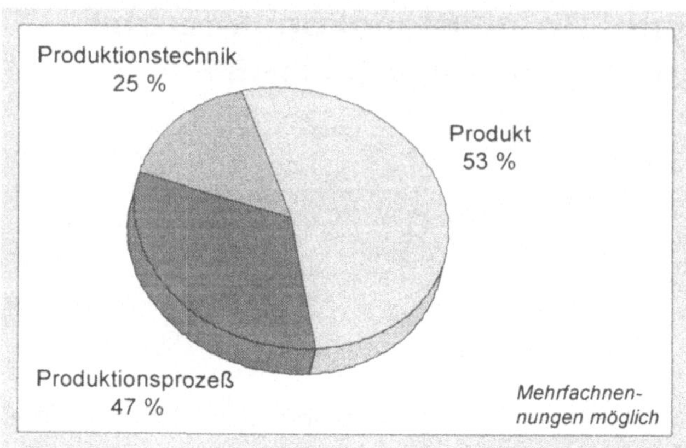

Abb. 3.1. Charakteristische Kompetenzbereiche in Unternehmen

Abbildung 3.1 zeigt, in welchen Kompetenzbereichen die befragten Unternehmen eine Differenzierung zu ihren Wettbewerbern sehen.

Produktkompetenz

Für ein produzierendes Unternehmen ist das Produkt der zentrale Gegenstand seiner Geschäftstätigkeit und die wichtigste Grundlage seines Geschäftserfolgs. Man sollte deshalb erwarten, daß produzierende Unternehmen bei ihren Produkten über eine besonders große Kompetenz verfügen. Dies ist leider nicht der Fall.

Erstaunlich wenig Unternehmen, nur etwas mehr als die Hälfte (53 %), behaupten, sich durch ihre *Produktkompetenz* von den Mitbewerbern abzuheben! Im Klartext: Die Hälfte aller Unternehmen glaubt es sich „leisten" zu können, ausgerechnet beim zentralen Gegenstand seiner Geschäftstätigkeit keine überdurchschnittlichen Anstrengungen unternehmen zu müssen. Und das in einer Zeit mit knallhartem Wettbewerb, immer geringerer Produktdifferenzierung sowie globaler Produktion und Vermarktung.

Eine Aufschlüsselung der einzelnen Kompetenzen, die im Zusammenhang mit Produktkompetenz von den Unternehmen genannt werden, ergibt folgende Situation (Abb. 3.2). Am kompetentesten sehen sich die Unternehmen in ihren Bemühungen, qualitativ hochwertige Produkte herzustellen. *Produktqualität* wurde in den Interviews zwar

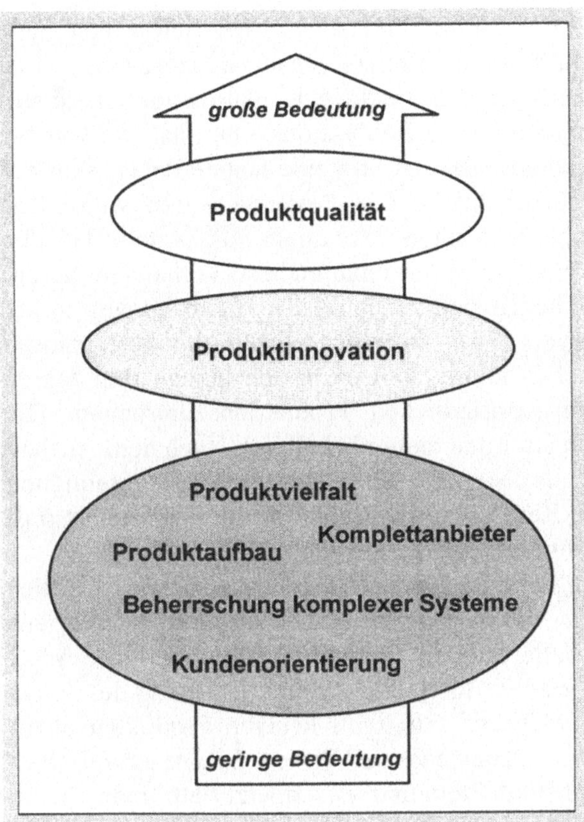

Abb. 3.2. Einzelkompetenzen der Unternehmen im Bereich *Produkt*

am häufigsten, jedoch keineswegs durchgängig genannt. Diese Erkenntnis läßt zwei Schlußfolgerungen zu. Zum einen hat „Qualität" in den Unternehmen mittlerweile einen hohen Stellenwert erlangt, wenn es um die Entwicklung und Herstellung eines Produktes geht. Zum anderen aber gibt es noch immer Unternehmen, bei denen „Qualität" nur eine zweitrangige Rolle spielt. Dies überrascht, wenn man bedenkt, wie stark angesichts oft hoher Verkaufspreise im Vergleich zu ausländischen Wettbewerbern das Überleben eines Unternehmens am Standort Deutschland von einer hohen Produktqualität abhängt. Welche katastrophalen Auswirkungen ein mangelndes Qualitätsbewußtsein haben kann, wird am folgenden Beispiel erläutert.

Ein Hersteller aus der Bauzulieferindustrie ist letztlich wegen mangelndem Qualitätsbewußtsein in Konkurs gegangen. Jahrelang gab es einen harten Wettbewerb mit nur wenigen Konkurrenzunternehmen. Diese erreichten wesentlich höhere Produktionsvolumina. Die von der Unternehmensleitung eingeschlagene Strategie lautete daher, sich auf Premiumprodukte zu beschränken. Die Produkte waren wesentlich teurer und wiesen in der Tat einige Merkmale auf, welche bei den Konkurrenzprodukten nicht oder nur unzureichend vorhanden waren. Die Premiumprodukte ließen sich zunächst über Jahre hinweg in befriedigendem Umfang verkaufen. Trotz der teilweise konkurrenzlosen Funktionsmerkmale der Produkte kam es in den letzten drei Jahren vor dem Konkurs zu empfindlichen Produktionseinbrüchen. Die Stückzahlen hatten sich am Ende mehr als halbiert. Nach dem Auslaufen der Sonderkonjunktur als Folge der deutschen Wiedervereinigung und der nachfolgenden Rezession, die besonders die Baubranche traf, rächten sich die Versäumnisse der Vergangenheit.

Mehr als zehn Jahre hatte es das Unternehmen versäumt, wirklich neue Produkte auf den Markt zu bringen. Die billigere Konkurrenz war innovativer und hatte kürzere Produktinnovationszyklen. Viele Kunden begannen – vor allem auch unter Berücksichtigung des hohen Preisniveaus – zur Konkurrenz mit ihren neueren Produkten abzuwandern. Als absolut entscheidend für diesen Schritt erwies sich letztlich die mangelnde Produktqualität. Bis zuletzt hatte man es versäumt, die Produkte auf ein akzeptables Qualitätsniveau zu bringen, obwohl man dazu viele Jahre Zeit hatte. Die Kosten für Reparaturen erreichten ungeahnte Höhen. Jeden Monat gab es zwischen 2000 und 7000 Reklamationen. Die Kosten zur Nachbesserung überstiegen die Kosten zur Beseitigung der Probleme in der Konstruktion und in der Produktion bei weitem. Obwohl die Mitarbeiter der Produktion und Qualitätssicherung alle Schwachstellen erkannten, wurden nur wenige Mängel wirklich beseitigt. Von manchen Teilen war seit Jahren bekannt, daß sie regelmäßig versagten. Trotzdem scheute man selbst einfach durchzuführende konstruktive Änderungen. Die Zusammenarbeit mit der Entwicklungsabteilung war unzureichend und die Geschäftsführung verweigerte Investitionen, die für eine gründliche Überarbeitung der Produkte erforderlich gewesen wären. Schließlich hatte der Ruf des Herstellers bei den Kunden so gelitten, daß selbst eine völlig neue Produktgeneration mit einzigartigen Merkmalen den Ruin nicht mehr verhindern konnte.

Eine weitere häufig genannte Produktkompetenz ist die Fähigkeit zur *Produktinnovation*. In der Tat haben die vergangenen Jahre mit ihrem stagnierenden Wirtschaftswachstum und der globalen Konkurrenz auf diesem Gebiet in vielen Unternehmen ihre positiven Spuren hinterlassen. Doch auch hier gilt ähnliches, wie bei der Produktqualität. Sich zu Produktinnovationen zu bekennen und diese im eigenen Unternehmen umzusetzen ist zweierlei. Die Kraftfahrzeugindustrie oder Teile des Maschinenbaus sind mittlerweile vorbildlich innovativ. Bei den Kraftfahrzeugen spricht heute niemand mehr von der einst befürchteten japanischen Offensive in Deutschland. Im Gegenteil: Deutsche Automobilhersteller sind weltweit erfolgreicher denn je. Viele Hersteller von Werkzeugmaschinen haben die Krise der vergangenen Jahre ebenfalls überwunden. Sie haben gelernt, die Funktionalität ihrer Produkte an den Kundenwünschen auszurichten, sich also von der typisch deutschen Neigung zur Überfunktionalität zu lösen. Wo also liegt das Problem bei den Produktinnovationen?

Das Problem besteht einerseits darin, daß es auch in Renommierbranchen wie dem Automobil- oder Werkzeugmaschinenbau einige schwächere Unternehmen gibt. Andererseits sind in vielen anderen Branchen die Neigung und die Möglichkeiten zu Produktinnovationen geringer, beispielsweise in der glasverarbeitenden Industrie und der Möbelindustrie, aber auch in der feinmechanischen und optischen Industrie. Dabei handelt es sich um Industrien mit oft stagnierenden Märkten oder starker ausländischer Konkurrenz. So manches Unternehmen bekennt sich dort zwar zu Produktinnovationen. In der Realität bedeutet das aber meist den Rückzug auf Hochpreisprodukte und nicht die Ausweitung auf eine billigere oder diversifizierte Produktpalette. So werden die Chancen, durch eine Produktionsausweitung das Überleben des Unternehmens abzusichern, oft leichtfertig vergeben (vgl. hierzu auch [1]).

Produktionsprozeßkompetenz

Nur knapp die Hälfte der befragten Unternehmen (47%, vgl. Abb. 3.1) behauptet von sich, bei den Produktionsprozessen besonders kompetent zu sein. Dies ist allein schon deshalb plausibel, weil in der Tat viele Produkte ohne besonderes Prozeßknow-how hergestellt werden können. Beispiele sind einfache Fertigungsvorgänge (stanzen, biegen) oder viele Montage- und Handhabungsabläufe.

Die wichtigsten der im Zusammenhang mit den Produktionsprozeßkompetenzen genannten Einzelkompetenzen sind in Abb. 3.3 zusammengefaßt.

Für alle Prozesse von großer Bedeutung ist die Kompetenz zur *Prozeßstabilisierung*. Ohne sie ist eine gleichmäßige Produktion mit akzeptabler Produktqualität kaum denkbar.

Sollen Prozesse nicht nur stabil, sondern auch automatisch ausgeführt werden, so ist die ebenfalls häufig in Unternehmen anzutreffende Kompetenz *Prozeßadaption zur automatischen Ausführung* erforderlich. Sie beschreibt die Fähigkeit, Prozesse so zu ändern, daß sie automatisch statt manuell ausgeführt werden können, ohne die mit dem Prozeß beabsichtigte Wirkung auf ein Produkt merklich zu verändern.

Die Fähigkeit, besonders *enge Prozeßtoleranzen* zu erreichen und kontinuierlich im normalen Produktionsalltag einzuhalten, wird ebenfalls von vielen Unternehmen genannt. Enge Prozeßtoleranzen sind für die meisten Unternehmen deshalb wichtig, weil sie den Schlüssel für eine besonders hohe Produktqualität darstellen. Anschaulichstes

Abb. 3.3. Einzelkompetenzen der Unternehmen im Bereich *Produktionsprozeß*

Beispiel hierfür ist die Verringerung der Spaltmaße an Türen bei Kraftfahrzeugen. Gerade auf diesem Gebiet sind einigen Herstellern in den letzen Jahren geradezu dramatische Fortschritte gelungen.

Die *Beherrschung komplexer* Prozesse und die *Prozeßintegration*, also die Fähigkeit, Prozesse derselben oder unterschiedlicher Art miteinander zeitlich und örtlich zu kombinieren, wird von einigen Unternehmen ebenfalls als eine wichtige In-house-Kompetenz genannt. Die Beteiligten schießen dabei aber immer wieder über das Ziel hinaus.

Ein Hersteller aus der elektrotechnischen Industrie wollte ein bestehendes Produkt rationeller produzieren und plante eine vollautomatische Anlage, die mehrere Bearbeitungs- und Montageschritte integriert. Als die Anlage im Probebetrieb lief, zeigte sich, daß die Qualität der Produkte schlechter war als früher mit der gering automatisierten Produktion. Die Vielfalt der zu überwachenden, abzustimmenden und zu regelnden Prozeßparameter, die teilweise für die Automatisierung geändert werden mußten, wurde schließlich als Ursache für den hohen Ausschuß ausgemacht. Die Steuerung der Anlage war nicht in der Lage, die Prozeßparameter in der erforderlichen Weise zu kontrollieren und abzustimmen.

So manches Unternehmen machte ähnliche Erfahrungen und ist wieder zum KISS-Prinzip („Keep it simple and stupid") zurückgekehrt. Eine Folge hiervon kann die Desintegration von Prozessen (und Betriebsmitteln) sein.

Korreliert man Art und Kompetenzbedarf von Produktionsprozessen, bilden sich zwei Gruppen von Prozessen heraus, die sich hinsichtlich ihres Kompetenzbedarfs (Abb. 3.4) fundamental unterscheiden. Die Abbildung gibt die Zusammenhänge schematisch wieder. In der Praxis gibt es, wie so oft, selbstverständlich auch Ausnahmen von der getroffenen Zuordnung zu den beiden Gruppen.

Die erste Gruppe umfaßt zum einen Prozesse, welche die Produkte und ihre Teile durch die Produktion „schleusen", also eine Ortsveränderung bewirken. Diese sog. Materialflußprozesse, wie Handhaben, Transportieren oder Fördern und Lagern, sind heutzutage von den Abläufen und den Parametern her genau definiert und teilweise auch standardisiert. Für diese Prozesse besteht in den Unternehmen ein meist geringer Kompetenzbedarf.

Zum anderen aber gehören zur ersten Gruppe auch viele einfache Fertigungs- und Montageprozesse sowie einfache oder standardisierte

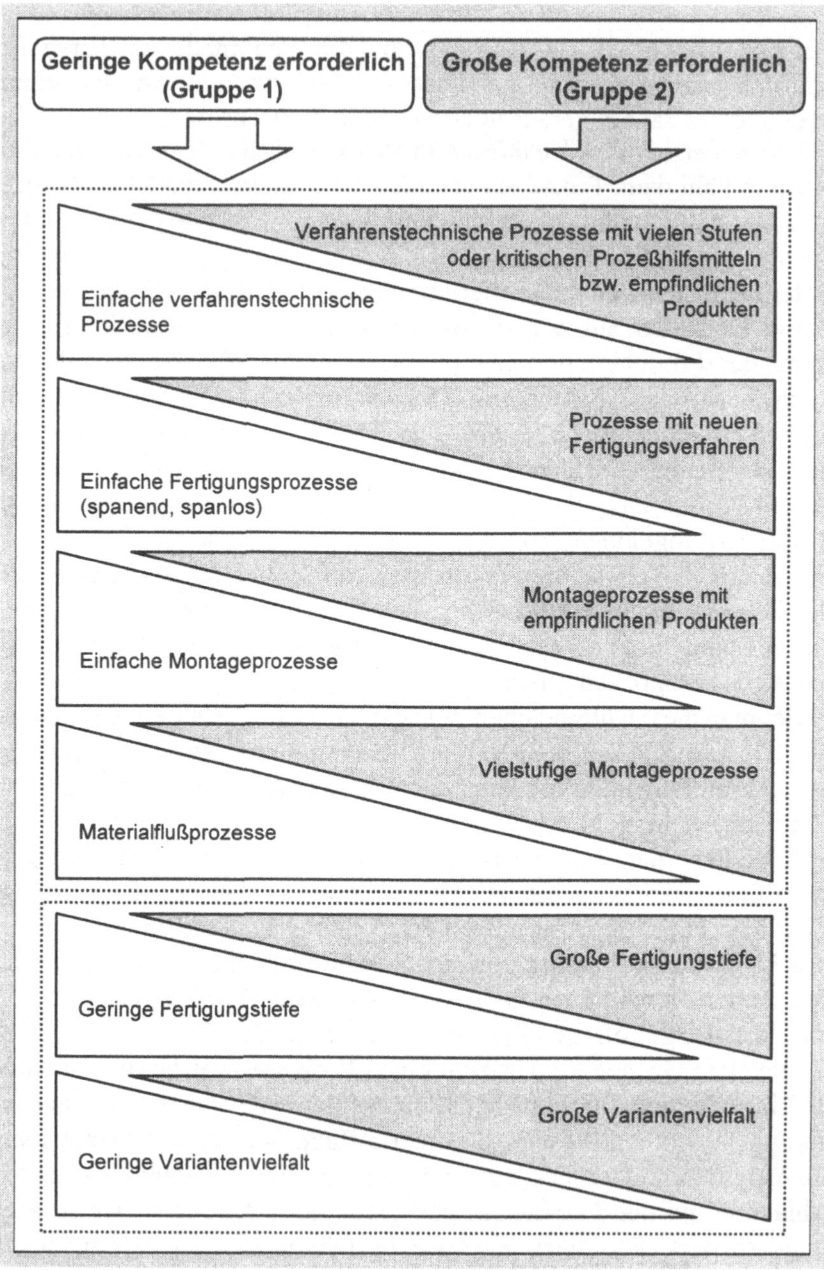

Abb. 3.4. Gruppen unterschiedlichen Kompetenzbedarfs im Bereich *Produktionsprozeß*

verfahrenstechnische Prozesse. Beispiele für solche Prozesse sind das Drehen einfacher Messingteile, die Montage von Faserstiften und das Glühen von Stahlteilen. Bei der Ausführung dieser Prozesse entstehen normalerweise keine größeren Probleme, so daß auch hier kein außergewöhnlicher Kompetenzbedarf erkennbar ist.

Ganz anders ist der Kompetenzbedarf bei den Prozessen der zweiten Gruppe. Diese Prozesse sind häufig zur Herstellung wesentlicher Teile oder zum Erzielen von Schlüsseleigenschaften des Produktes erforderlich. Das automatische Schweißen von hochbeanspruchbaren Aluminiumbauteilen, das automatische Umformen von schwer zu verarbeitenden Blechteilen oder das automatische Lackieren von Holz mit Wasserlacken sind Beispiele für Prozesse mit oft großem Kompetenzbedarf.

Die Oberflächeneigenschaften von Holz, wie Saugfähigkeit oder Struktur, schwanken beispielsweise sehr stark. Beim manuellen Beschichten kann der dadurch entstehende unterschiedliche optische Eindruck leicht durch ein individuelles Nachlackieren korrigiert werden. Bei der Automatisierung des Prozesses besteht dagegen das Problem, die Erfahrung und die sensorischen Fähigkeiten eines Lackierers nachzubilden oder zu umgehen.

Bei Prozessen der zweiten Gruppe ist es von zentraler Bedeutung, in den Unternehmen gezielt Know-how aufzubauen und so einen wesentlichen Vorsprung vor der Konkurrenz zu gewinnen. Besonders bei Prozessen mit direkter Auswirkung auf die Produktqualität sehen die Unternehmen hier ihr Kompetenzfeld.

Ein bekannter Hersteller von „Weiße-Ware"-Geräten verfolgt genau diesen Ansatz. Es wird strikt zwischen für das Unternehmen wichtigen und unwichtigen Prozessen unterschieden. Nach der Erstellung eines Lastenheftes für die im Unternehmen unkritische Materialflußtechnik, werden alle weiteren Planungs- und Entwicklungsaktivitäten nach außen vergeben. Die komplette Materialflußtechnik und alle damit zusammenhängenden Fragestellungen liegen in der Hand weniger Systemlieferanten. Ihnen gelingt es deshalb manchmal, sich ein sehr spezifisches Know-how aufzubauen. Die befragten Anwender von Automatisierungstechnik schätzen jedoch die hierdurch tatsächlich entstehende Abhängigkeit von den Lieferanten als unbedeutend ein.

Bei denjenigen Prozessen, die der Qualität und der „Wertigkeit" der Produkte zugute kommen, ist die Situation völlig anders. Hier sind

Eigenentwicklungen gefragt, und es wird gezielt In-house-Kompetenz erarbeitet. So gelang es dem „Weiße-Ware"-Hersteller, besonders hochwertige Beschichtungsverfahren zu entwickeln und die Qualitätssicherung mit Robotern und Bildverarbeitung auf höchstes Niveau zu bringen.

Ein Hersteller aus der Spielwarenindustrie sieht seine maßgeblichen Kompetenzen ebenfalls in der äußeren Gestaltung seiner Produkte. Während der Spielwarenhersteller das farbige Bedrucken der Produkte in sehr hoher Qualität mittlerweile hervorragend beherrscht, gibt es derzeit noch einige Probleme mit der automatischen Qualitätssicherung durch Bildverarbeitung. Diese sollen aber in absehbarer Zeit gelöst sein.

Sind Produkte in großer Variantenvielfalt – und damit auch in kleinen Losen – herzustellen, so verursacht das in der Fertigung und in der Montage meist enorme Probleme. Diese manifestieren sich weniger in Qualitätsproblemen, als vielmehr im Verlust an Produktivität. Hauptursachen sind zu lange Umrüst- oder Stillstandzeiten und nach oben schnellende Logistikkosten (erhöhte Umlaufbestände, Transportaufwände usw.).

Nur Unternehmen, die sich Know-how angeeignet haben, um die Variantenvielfalt zu beherrschen, werden mittel- bis langfristig variantenreiche Produkte mit Gewinn verkaufen können. Dies ist deshalb so wichtig, weil tendenziell immer mehr Varianten desselben Produktes in immer kleineren Losen herzustellen sind.

Ein weiteres Problem ist die Geheimhaltung von Prozessen, die leider nicht immer möglich ist. Die Achillesferse bei der Geheimhaltung stellen – so die Auskunft der Befragten – die Anlagenlieferanten[2] dar. Für viele Prozesse gibt es häufig nur einen oder zwei Anlagenlieferanten. Auch die Konkurrenz bedient sich deshalb zwangsweise beim selben Lieferanten. Der ungewollte Austausch firmenspezifischen Know-hows ist so programmiert. In der Praxis läßt es sich eben nur schwer verhindern, daß der Anlagenlieferant nichts über die mit seinen Anlagen „gefahrenen" Prozesse erfährt. In vielen Fällen ist die Unterstützung des Anlagenlieferanten sowieso unverzichtbar, um die Produktion zum Laufen zu bringen.

---

[2] Wird im Zusammenhang mit Betriebsmitteln von „Lieferanten" gesprochen, so ist damit i. d. R. auch, oder alternativ, der Hersteller der Betriebsmittel gemeint.

Produktionstechnikkompetenz

Nur 25 % der befragten Unternehmen fühlen sich bei der Produktionstechnik besonders kompetent (vgl. Abb. 3.1). Eine überraschend niedrige Quote, wenn man bedenkt, daß es die Produktionstechnik ist, mit der das Produkt hergestellt wird. Demzufolge bietet auch die Produktionstechnik eine Chance zur Differenzierung vom Wettbewerb.

Die wichtigsten der im Zusammenhang mit den Produktionstechnikkompetenzen genannten Einzelkompetenzen zeigt Abb. 3.5.

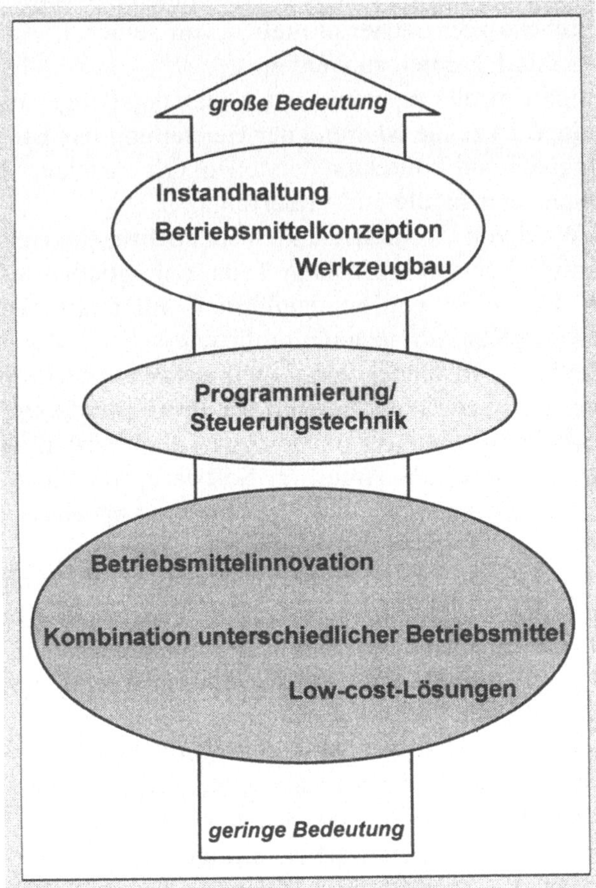

Abb. 3.5. Einzelkompetenzen der Unternehmen im Bereich *Produktionstechnik*

Die Fähigkeit zur eigenen *Instandhaltung* ist den Unternehmen sehr wichtig. Zum einen dienen die Instandhaltungsabteilungen bis zu einem gewissen Grad als Ersatz für den meist personell ausgedünnten Betriebsmittelbau. Zum anderen ermöglichen sie den Auf- oder Ausbau von Know-how und die rasche Beseitigung von Störungen bei Betriebsmitteln.

Ebenfalls von großer Bedeutung für die Unternehmen ist die Fähigkeit zur *Betriebsmittelkonzeption.* Sie wird vor allem bei wichtigen Produktionsprozessen als unverzichtbar angesehen, um diese wunschgemäß technisch umzusetzen. Ein weiterer Grund für Kompetenz auf diesem Gebiet ist die Angst, ohne die eigene Urteilsfähigkeit– wenigstens auf der Konzeptebene von Betriebsmitteln – von seinen Lieferanten möglicherweise falsch beraten zu werden.

Eine weitere wichtige Einzelkompetenz ist ein leistungsfähiger eigener *Werkzeugbau,* da Werkzeuge während der Herstellung das Bindeglied zwischen Prozessen und Produkten darstellen. Oft entscheiden gerade hier Kleinigkeiten über Erfolg und Mißerfolg.

Allein die richtige Wahl von Geometrie und Werkstoff für die Herstellung eines mechanisch hochbeanspruchten Teils, ermöglichten es beispielsweise einem Hersteller von handgeführten, automatischen Werkzeugen, qualitativ zur Konkurrenz aufzuschließen.

Eine wachsende Zahl der Anwender von Automatisierungstechnik hält ein hohes Maß an Kompetenz im Bereich der *Programmierung von Software* und *Steuerungstechnik* für unabdingbar. Hintergrund ist der immer umfangreicher werdende Anteil an Software und Steuerungstechnik an den Betriebsmitteln und die daraus entstandene Abhängigkeit von diesen spezifischen Technologien.

Gerade die Themen Software und Steuerungstechnik entpuppten sich bei den Interviews in den Unternehmen als Reizthemen. Es gibt kaum einen Gesprächspartner, der nicht über Ärger mit Steuerungen und Software klagt. Bringt man die teils bitteren Erfahrungen auf den Punkt, so zeichnen sich folgende Problemkreise ab:

- *Unternehmensgröße der Steuerungstechnik- und Softwarehäuser*
  Viele der Partner auf diesem Gebiet sind sehr klein. Projektspezifisches Know-how liegt typischerweise bei einem oder zwei Mitarbeitern. Verlassen diese ihren Arbeitgeber, stehen sowohl dieser als auch der Anwender im „Regen". Eine Wartung oder gar Pflege der Software oder der Steuerungen werden hierdurch praktisch unmöglich. Solche Probleme können auch auftreten, wenn nam-

hafte Generalunternehmer beauftragt werden, denn diese vergeben im Endeffekt die Programmier- oder Servicetätigkeiten vielfach an kleine Subunternehmer. Kleine und junge Unternehmen bekommen auch eher Liquiditätsprobleme, wenn sich einmal ein Projekt verzögert oder gar ausbleibt. Geht das Unternehmen dann in Konkurs, bleiben dessen ehemalige Kunden ohne weiteren Support.

- *Systemvielfalt*
In der Regel trifft man bei der datentechnischen Vernetzung auf sehr heterogene Steuerungs- und Softwarestrukturen. Alter, Funktionsumfang, Hersteller usw. ergeben ein oft schwer durchschaubares Chaos.

- *Servicegeschwindigkeit*
Da Software- oder Steuerungsprobleme häufig auftreten, sind die Unternehmen ständig auf ein reaktionsschnelles Steuerungstechnik- oder Softwarehaus angewiesen. Die Reaktionszeiten bei Serviceeinsätzen werden jedoch zunehmend als zu lang empfunden.

Immer mehr Automatisierungstechnik-Anwender gehen deshalb dazu über, eigene Kompetenzen in den Bereichen Steuerungstechnik und Software aufzubauen.

Ähnlich wie bei den Produktionsprozessen besteht auch bei der Produktionstechnik eine Korrelation zwischen der Art der Produktionstechnik und dem Kompetenzbedarf. Die prinzipielle Zuordnung zu den beiden Kompetenzgruppen zeigt Abb. 3.6.

Um Betriebsmittel für die Prozesse der ersten Gruppe wird bei den Anwenderunternehmen kaum Aufhebens gemacht. Entweder sind geeignete Geräte am Markt verfügbar bzw. können durch einfache Modifikationen an die eigenen Erfordernisse angepaßt werden, oder die benötigten Betriebsmittel entstehen durch Zusammenbau gängiger Komponenten. Demzufolge sieht man auch keinen Bedarf, im konstruktiven Bereich besonders kompetent zu sein. Immerhin: Von den Unternehmen, die ihren Materialfluß mittel bis stark automatisiert haben, sieht sich ungefähr jedes vierte Unternehmen als überdurchschnittlich kompetent an.

Die Bedeutung von Kompetenz in Materialflußtechnik wird von einigen Unternehmen als sehr hoch eingeschätzt. Dies läßt sich anhand des Logistikzentrums eines Kosmetikherstellers beispielhaft zeigen. Gerade hier, bei einem Dienstleister ohne eigene Produktion, hätten

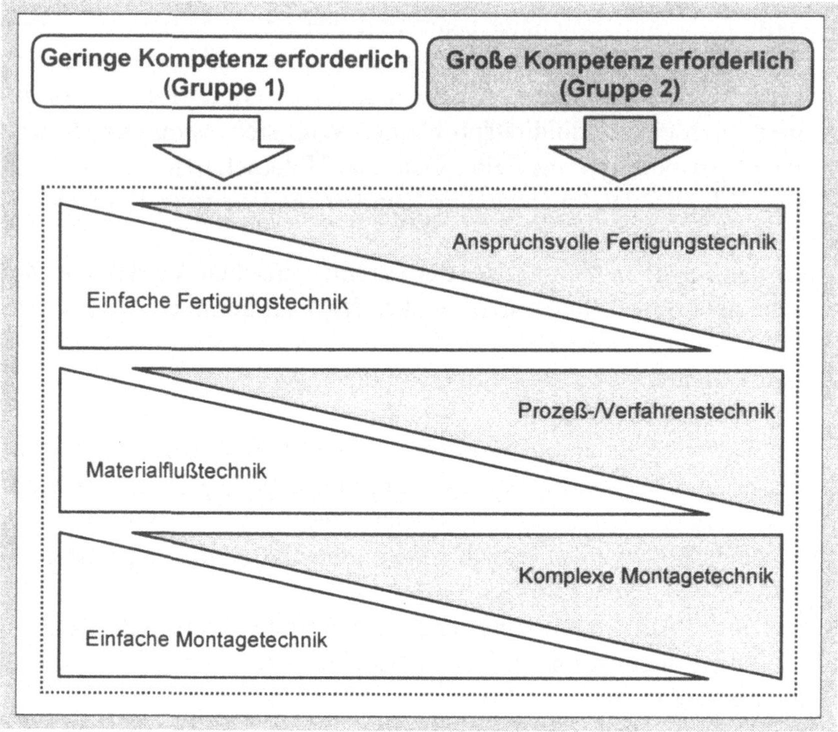

Abb. 3.6. Gruppen unterschiedlichen Kompetenzbedarfs im Bereich
Produktionstechnik

wir am wenigsten erwartet, einen schlagkräftigen Betriebsmittelbau
zu finden. Im Verhältnis zu den Aufgaben des Logistikzentrums ist
der Betriebsmittelbau überdurchschnittlich groß. Sowohl die Zahl als
auch die Qualifikation der Techniker gehen weit über das erforderliche Maß hinaus, um die üblichen Instandhaltungsaufgaben wahrnehmen zu können. Die Geschäftsführung sieht es als strategische
Maßnahme zum Erhalt des Unternehmensstandortes an, auch bei
„Allerwelts"-Technologien, wie sie beispielsweise Materialflußsysteme vielfach darstellen, „besser" zu sein. „Besser" heißt hier nicht,
Betriebsmittel mit überdurchschnittlich vielen Funktionen oder
besonders kurzen Taktzeiten zu entwickeln. Vielmehr geht es in erster
Linie um *kostengünstigere* Betriebsmittel. Die Techniker des Logistikzentrums entwickeln deshalb auch Geräte komplett neu, wenn sie
zwar am Markt verfügbar sind, jedoch zu teuer erscheinen.

Als es darum ging, eine neue Paketsortieranlage zu beschaffen, scheiterte dies an dem verlangten Preis von 1,8 Mio. DM. Einem Team des Betriebsmittelbaus, in dem auch der Geschäftsführer aktiv engagiert war, gelang es schließlich, eine Anlage zu entwickeln und zu bauen, die nur ein Viertel des marktgängigen Modells kostete. Möglich war dies durch ein hohes Maß an Kreativität und Leistungswillen, durch eine konsequente modulare und einfache Konstruktion sowie den Verzicht auf den Anspruch, jeden denkbaren Sonderfall beim späteren Betrieb der Anlage automatisch erfassen und beherrschen zu wollen.

In einem anderen Projekt entwickelte der Betriebsmittelbau des erwähnten Logistikzentrums ein eigenes System zum direkten Aufbringen des Barcodes auf Versandkartons. Die Gründe für die Eigenentwicklung waren das Fehlen eines geeigneten Systems am Markt und die Tatsache, daß eine nach außen vergebene Spezialentwicklung zu teuer gekommen wäre. Da das eigene Softwareknow-how für dieses Projekt nicht ausreichte, kooperierte der Betriebsmittelbau eng mit einem kleinen Softwarehaus. Die Amortisationszeit des Systems betrug nur etwa zwei Wochen!

Die Beispiele belegen, daß viele der auf dem Markt angebotenen Betriebsmittel bis heute nicht kundengerecht, weil zu teuer in der Anschaffung und im Unterhalt, sind. Laut Angaben der befragten Unternehmen liegt dies zum einen am immer noch weitverbreiteten Streben der Hersteller, alle denkbaren Funktionen zu integrieren und zu automatisieren. Zum anderen aber wird auf einen bewußt einfach gehaltenen konstruktiven Aufbau zu wenig Wert gelegt.

Das Vorgehen, aus Kostengründen an sich marktgängige Betriebsmittel selbst zu bauen, scheint daher nur auf den ersten Blick ungewöhnlich. In Deutschland sind uns allerdings nur sehr wenige Anwender von Automatisierungstechnik bekannt, die diesen Weg gehen. Eine vergleichbare Situation gilt auch beispielsweise für Unternehmen in Japan [2].

Die Nennungen der zweiten Gruppe (vgl. Abb. 3.6) ergeben sich aus verschiedenen Gründen. Als Regel kann einerseits gelten, daß Prozesse mit engen oder schwer einzuhaltenden Parametertoleranzen auch aufwendigere Betriebsmittel erfordern. Eine Schleifanlage für Metallteile im Werkzeugbau ist beispielsweise wesentlich einfacher aufgebaut, als eine Schleifanlage für die Spiegel von astronomischen

Observatorien, an die wesentlich höhere Oberflächenanforderungen gestellt werden.

Andererseits ziehen auch komplexe Prozesse meist die Entwicklung entsprechend aufwendiger Betriebsmittel nach sich. Die Komplexität entsteht normalerweise entweder dadurch die Vielzahl oder durch die Vielfalt der Prozesse. Eine automatische Montageanlage für die Komplettmontage von hydraulischen Ventilen ist wesentlich aufwendiger gebaut, als eine Anlage zum Fügen zweier Blechteile. Bei der Ventilmontage sind viele Einzelprozesse mit unterschiedlichen Fügeverfahren technisch zu realisieren. Dagegen kann das Fügen der Bleche schon mit einem einfachen Nietvorgang erreicht werden.

Fazit

Über Kompetenzen von Unternehmen spricht heute jeder. Gerade in Zeiten des Shareholder value oder der Differenzierung zum Wettbewerb erhält der Begriff *Kompetenz* in Verbindung mit der *Konzentration auf das Kerngeschäft* eine besondere Bedeutung. Es erscheint deshalb naheliegend, in jedem Unternehmen besondere Kompetenzen zu vermuten. Die Ermittlung von Kompetenzen in Unternehmen, die Automatisierungstechnik in der Produktion einsetzen, erwies sich jedoch als überraschend mühselig. Erst im Verlaufe intensiver Diskussionen mit den Interviewpartnern gelang es, die für das Unternehmen charakteristischen Kompetenzen zu ermitteln.

Nur 53 % der Befragten behaupten, daß sich ihr Unternehmen beim Produkt von der Konkurrenz abhebt. Dies ist eine viel zu niedrige Quote, denn immerhin lebt ein produzierendes Unternehmen von seinen Produkten und – zumindest in Käufermärkten – von einer Überlegenheit gegenüber der Konkurrenz.

Nicht einmal die Hälfte der untersuchten Unternehmen (47%) fühlt sich bei den Produktionsprozessen besonders kompetent. Nach einer Mehrheitsmeinung der Unternehmen ist eine besondere In-house-Kompetenz vor allem bei neuartigen Prozessen, aufwendigen verfahrenstechnischen Prozessen sowie anspruchsvollen Fertigungs- und Montageprozessen erforderlich. Kompetenz bei „normalen" Fertigungs-, Montage- oder Materialflußprozessen wird dagegen bei den Anbietern von Betriebsmitteln vermutet und dort „eingekauft".

Nur ein Viertel der Unternehmen hält sich in der Produktionstechnik für besonders kompetent. Auch diese Quote ist zu niedrig, wenn man daran denkt, welche Möglichkeiten Betriebsmittel eröffnen, um sich vom Wettbewerb durch höhere Produktqualität und niedrigere Herstellkosten abzuheben.

Literatur

1 Gertz, D. L., Baptista, J. P. A.: Grow to be great: wider die Magersucht in Unternehmen. 2. Aufl., Landsberg: moderne industrie, 1996
2 Kojima, T.: Die zweite Lean Revolution: Was kommt nach Lean Production? Landsberg: moderne industrie, 1995

4 Ziele beim Einsatz von Automatisierungstechnik: Streng erfolgsorientiert?

„ Um den Standort zu erhalten, muß eine jährliche Produktivitätssteigerung von 10 % erzielt werden. "

Mit Recht wird der Begriff *Ziele* heute ziemlich häufig verwendet. Denn ohne sich Ziele zu setzen, ohne genau definierte Fixpunkte, wird es kaum gelingen, erfolgreich zu sein. Dies gilt natürlich auch für die Anwendung von Automatisierungstechnik. Ihr Einsatz muß sich an klar definierten Zielen orientieren, die wiederum Teil der übergeordneten Unternehmensziele sein sollten (vgl. Kap. 2).

Die Grundvoraussetzung: Einhalten einer bestimmten Amortisationszeit

Für jedes Automatisierungsprojekt ist der klare Nachweis der Wirtschaftlichkeit unabdingbar. Von dieser Forderung kann nur in Ausnahmefällen abgerückt werden. Beispielsweise dann, wenn eine besonders hohe und gleichmäßige Qualität nur durch automatische statt billigere, manuelle Prozesse gewährleistet werden kann. Oder wenn angenommen wird, daß die neu eingeführte Automatisierungstechnik zwar kurz- bis mittelfristig höhere Kosten als manuelle Lösungen verursacht, jedoch die damit gesammelten Erfahrungen in der Zukunft zu einem entscheidenden Know-how-Vorsprung vor der Konkurrenz und deutlich geringeren Kosten führen werden.

Als Indikator für die Beurteilung der Wirtschaftlichkeit eines Automatisierungsprojektes dient den meisten Unternehmen die Amortisationszeit. Das Einhalten einer maximalen unternehmensspezifischen Amortisationszeit betrachten die Unternehmen daher nicht als ein Ziel, sondern als Eingangsbedingung für ein Automatisierungsprojekt und als Controlling-Hilfsmittel.

Wie lange darf denn nun die Amortisationszeit sein? Bei den Untersuchungen kristallisierte sich ein recht breites Spektrum von

Amortisationszeiten heraus. Die von den Unternehmen geforderten Amortisationszeiten schwankten zwischen einem halben Jahr und fünf Jahren. Der Schwerpunkt der geforderten Amortisationszeiten liegt heute bei etwa drei Jahren. Projekte mit längeren Amortisationszeiten werden immer seltener akzeptiert. Die Amortisationszeit wird allerdings von unterschiedlichen Faktoren beeinflußt, die sich einer streng logischen Sicht entziehen.

Welche Amortisationszeit im Einzelfall *akzeptiert* wird, hängt stark vom Produkt und von der Branche ab, zu der das Unternehmen gehört. Einflußkriterien auf die akzeptierte Amortisationszeit sind beispielsweise:

- Produktlebenszyklus (Kann die Automatisierungstechnik danach wiederverwendet werden?),
- Qualitätsniveau (Muß allein deshalb automatisiert werden, um ein Höchstmaß an Qualität zu erhalten, „koste es, was es wolle"?),
- Variantenvielfalt / kleinere Lose (Dies kann einen höheren technischen Aufwand, und damit höhere Investitionskosten, für flexible Automatisierungstechnik bedeuten. Soll auf Automatisierung nur deshalb verzichtet werden, weil die Amortisationszeit länger als „üblich" ist?),
- Arbeitskräftemangel (Wenn es zu wenige Arbeitskräfte gibt, besteht da nicht der Zwang, „auf jeden Fall" zu automatisieren?) und
- Technisierung und Innovationsfreude der Branche (Soll man nicht auch mit Automatisierungstechnik Neuland betreten, ohne daß sich diese ebenso schnell amortisieren muß, wie seit Jahren eingeführte Bearbeitungsmaschinen?).

Diese Kriterien können dann zu unterschiedlichen Gepflogenheiten führen. Investitionen bei Automobil- oder Elektronikherstellern sollen sich im Extremfall innerhalb weniger Monate amortisieren. Unternehmen aus weniger hochtechnisierten Branchen wie der Möbel- oder der Lebensmittelindustrie dagegen akzeptieren auch Amortisationszeiten von weit über drei Jahren. Auch das Land, in dem ein Unternehmen produziert, beeinflußt, u.a. durch die vorherrschende Mentalität, die generelle Einstellung zur Amortisationszeit. Ein Schweizer Lebensmittelkonzern, der auf höchstem technischen und hygienischen Niveau produziert, akzeptiert Amortisationszeiten bis zu acht Jahren. Man sucht dort nicht den schnellen, sondern den langfristigen Erfolg. Es genügt, wenn sich die automatischen Betriebsmittel erst nach einer erheblich längeren Zeit amortisieren, als vielleicht in anderen Ländern üblich. Ob das Schweizer Unternehmen deshalb weniger erfolgreich ist, als seine ausländische Konkurrenz?

Nicht zuletzt wird die Akzeptanz bestimmter Amortisationszeiten durch die individuelle Ansicht des Chefs eines Unternehmens oder einer Unternehmenseinheit beeinflußt. In diesem Zusammenhang sprechen leidgeprüfte Automatisierungsverantwortliche häufig vom „Totrechnen" eines Projektvorhabens. Der Technische Leiter eines Unternehmens faßte seine Erfahrungen wie folgt zusammen: „*In meiner Branche war ich der erste, der bestimmte Handhabungsaufgaben automatisieren wollte. Als klar wurde, daß aufgrund des ausgearbeiteten Pflichtenheftes die Amortisationszeit wahrscheinlich etwas über drei Jahren liegen würde, drohte der Geschäftsführer wieder mit einem Rückzieher. Amortisationszeiten von mehr als zweieinhalb Jahren akzeptiert er normalerweise nicht. Als Kaufmann sieht er eben nur die kurzfristige ökonomische Seite eines Projektes. Daß so ein Projekt sich trotz zu erwartender Anlaufschwierigkeiten mittelfristig auf jeden Fall rechnet und verschiedene andere positive Begleiteffekte bewirkt, ist ihm nicht zu vermitteln.*"

An dieser Stelle sei angemerkt, daß es in der Praxis wichtig ist, wenn „Techniker" und „Kaufmänner" *gemeinsam* über ein Automatisierungsprojekt entscheiden. Voraussetzung ist eine ausgewogene Berücksichtigung technischer *und* ökonomischer Argumente. Nur dann können sowohl möglicherweise auf Dauer unwirtschaftliche Ergebnisse einer Technikverliebtheit als auch eine zu kurzfristige ökonomische Betrachtungsweise von Automatisierungsprojekten verhindert werden.

Ein Vergleich der von den Unternehmen genannten Amortisationszeiten der 90er Jahre mit den Amortisationszeiten, die für Projekte zur flexiblen Automatisierung zu Beginn der 80er Jahre genannt wurden [1], zeigt einen eindeutigen Trend auf. Die durchschnittlichen (akzeptierten!) Amortisationszeiten lagen damals etwa um 50% höher und betrugen drei bis fünf Jahre. Kürzere Amortisationszeiten sind heute nicht zuletzt auch möglich, weil die Preise vieler Automatisierungskomponenten in den letzten Jahren stark gefallen sind.

Strategische Ziele beim Einsatz von Automatisierungstechnik

Die strategischen Ziele eines Unternehmens wurden bereits in Kap. 2 näher beschrieben. Eines dieser Ziele ist die *langfristige Sicherung des Unternehmens*. Ein wesentliches Element dieses strategischen Unternehmenszieles ist die Entscheidung darüber, in welcher Region oder in welchem Land das Unternehmen auf welche Art und Weise produzieren soll. Dies hat entscheidenden Einfluß auf die Gestaltung der Produktion. Wesentliche Triebkräfte einer Automatisierung der Produktion sind, neben dem Streben nach besserer oder konstanterer Qualität, Arbeitskräftemangel (Japan!) oder zu hohe Lohnkosten (praktisch in allen Industrienationen).

Deshalb gingen wir bei unseren Untersuchungen der Frage nach, inwieweit die Automatisierung der Produktion bewußt und ganz konkret deshalb durchgeführt wird, um den *Standort* des Zweigwerkes oder Unternehmens in *Deutschland* zu sichern. Mit anderen Worten: Inwieweit wird mittels Automatisierung versucht, das strategische Ziel der langfristigen Sicherung des Unternehmens in Deutschland zu erfüllen.

Trotz der allgegenwärtigen Diskussionen, die sich um dieses Thema ranken, gab das Gros der Gesprächspartner eine überraschende Antwort. In ihren Unternehmen tritt dieser übergeordnete, aber entscheidende Gesichtspunkt in den Hintergrund. „Automatisierung" ist dort nicht Teil einer übergeordneten Strategie zur Erfüllung eines strategischen Zieles, sondern eher ein Problemlöser bei lokalen Produktionsproblemen, beispielsweise bei Kapazitätsengpässen oder bei veralteten Anlagen (vgl. hierzu Kap. 5). Es besteht deshalb der Verdacht, daß so mancher Topmanager noch nicht ganz erkannt hat, welchen entscheidenden Beitrag die Automatisierung der Produktion zur langfristigen Sicherung des Unternehmens leisten kann. Wie die Untersuchungen zeigen, benötigen Automatisierungsvorhaben häufig zu lange, erfüllen nicht immer die Erwartungen der Verantwortlichen oder sind das Ergebnis von Zufällen.

Nur 34 % unserer Gesprächspartner haben bei ihren Automatisierungsbemühungen konkret das Thema „Standorterhalt" vor Augen. Sie sind es auch, die besonders konsequent und systematisch den Einsatz von Automatisierungstechnik in ihrer Produktion verfolgen und forcieren. Die zugrundeliegende Motivation für diese Haltung gegenüber Automatisierungstechnik erkennt man am besten an den Aussagen von vier Gesprächspartnern:

- Der Geschäftsführer eines Logistikzentrums:

  „Um den Standort zu erhalten, muß eine jährliche Produktivitätssteigerung von 10 % erzielt werden. "

- Der Produktionsleiter eines Unternehmens der glasverarbeitenden Industrie:

  „In den nächsten fünf Jahren muß eine Einsparung von 300 Mio. DM erzielt werden. "

- Der Leiter der Forschung und Entwicklung eines Zulieferers der pharmazeutischen und chemischen Industrie:

  „Es ist unser Ziel, in fünf Jahren mannlos zu fertigen. Dabei muß eine Steigerung der Stückzahl auf das Fünffache möglich sein. "

- Der Vorstand eines Unternehmens aus der keramischen Industrie:

  „Wir werden auch in Zukunft weiterhin nur in Deutschland produzieren und auf alternative Produktionsstandorte in Ungarn, Tschechien usw. verzichten. Um dies zu erreichen, müssen wir alle geeigneten Maßnahmen anwenden. So ist das Produktspektrum zu diversifizieren und in der Produktion die beste Technik und eine weitestgehende Automatisierung einzuführen. "

Diese Aussagen machen deutlich, daß Automatisierung der Produktion ein entscheidendes, manchmal sogar das einzige Mittel ist, um eine langfristige Sicherung des Unternehmens zu ermöglichen.

Operative Ziele beim Einsatz von Automatisierungstechnik

Die konkreten, operativen Ziele, die in den einzelnen Unternehmen mit Automatisierungsprojekten verfolgt werden, sind zwar unterschiedlich, sie werden jedoch eindeutig fokussiert (Abb. 4.1).

Rationalisierung wurde von den Befragten mit Abstand am häufigsten genannt. 81 % der Unternehmen bekennen sich zu diesem „klassischen" Automatisierungsziel. Je nach Markt- und Wettbewerbssituation soll die Produktivität dadurch gesteigert werden, daß entweder mit der gleichen Mitarbeiterzahl mehr oder mit weniger Mitarbeitern (ungefähr) gleich viel produziert wird. Vor allem die

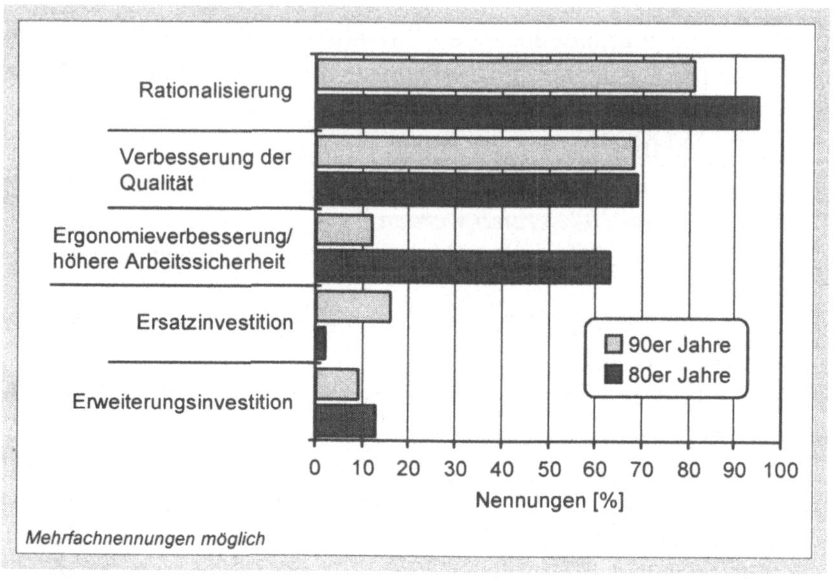

Abb. 4.1. Operative Ziele von Automatisierungsprojekten: Vergleich 90er mit 80er Jahre

extremen Arbeitskostenvorteile osteuropäischer und asiatischer Län-
der – die Arbeitskosten betragen bis unter einem Fünfzigstel der
deutschen – zeigen den Unternehmen deutlich: Entweder wird die
Produktion am Standort Deutschland weitestgehend automatisiert,
oder es besteht die Gefahr, Marktanteile aufgrund zu hoher
Herstellkosten zu verlieren und im Extremfall die Produktion stillegen
zu müssen. Für viele Unternehmen war bisher hierzu die einzige
Alternative, die Produktion in Niedriglohnländer zu verlagern.

Die Erfahrungen des Marktführers in einem bestimmten Segment
der Freizeitindustrie zeigen, daß nicht nur auf die Lohnkostenvorteile
ausländischer Niedriglohnstandorte geachtet werden darf. Zusätzlich
zur inländischen Produktion wurde in einem osteuropäischen Land ein
weiterer Standort für besonders arbeitsintensive Produkte aufgebaut,
da dort die Lohnkosten 90 % geringer als in Deutschland sind. Trotz
einer langen Anlaufphase am osteuropäischen Standort, in der einiges
optimiert wurde, sind die dort erzielten Ergebnisse ernüchternd. Zahlreiche Alltagsprobleme wie Qualitätsmängel oder unzureichende Lieferfähigkeit führen dazu, daß der Kostenvorteil gegenüber Deutsch-

land beinahe verschwindet. Trotz der Lohnkostenvorteile von 90 % ist die Produktion am ausländischen Standort insgesamt nur etwa 10 % billiger als in Deutschland. Man setzt daher in Zukunft wieder verstärkt auf Deutschland als Produktionsstandort und plant den massiven Einsatz von Automatisierungstechnik.

Die hochautomatisierte Produktion in Deutschland trägt aber nicht nur dazu bei, die Herstellkosten auf hohem Qualitätsniveau „in den Griff" zu bekommen. Immer mehr Unternehmen erkennen, daß nur eine marktnahe Entwicklung *und* Produktion kurze Reaktionszeiten auf Marktänderungen erlauben. Liegen die Hauptabsatzmärkte in Deutschland oder (West-)Europa, so sind Produktionsstandorte in Osteuropa, vor allem aber in Asien, nicht immer sinnvoll. Will man deshalb in Deutschland produzieren, ist dies in der Regel nur mit einer weitgehend automatischen Produktion wirtschaftlich machbar.

Die *Verbesserung der Prozeß- und Produktqualität* nennen 68 % der Unternehmen als das zweitwichtigste operative Ziel der Automatisierung. Dies ist in erster Linie bedingt durch die ständig steigenden Ansprüche der Kunden. In zweiter Linie ist dies aber auch Ausdruck der Unzufriedenheit mit der Produktqualität von ins Ausland (Niedriglohnländer) verlagerten Produktionen. Einige Unternehmen holten deshalb wieder ihre Produktion zurück nach Deutschland oder erhöhen zumindest die Fertigungstiefe. Vielfach gelingt es nicht, im Ausland das gewünschte Qualitätsniveau zu erreichen oder in der Serienproduktion zu halten. Aus Qualitätsgründen verlagerte auch ein bekannter deutscher Automobilzulieferer seine Produktion elektrotechnischer Komponenten aus einem südostasiatischen Land zurück nach Deutschland. Trotz intensiver Bemühungen war es den Verantwortlichen nicht gelungen, die Ausschußrate unter 50 % zu drücken. Besonders leicht fällt die Entscheidung, die Produktion wieder nach Deutschland zu holen dann, wenn es um die Herstellung von Produkten geht, bei denen eine hochautomatisierte Produktion Stand der Technik ist.

Aufgrund der verbliebenen minimalen Lohnkosten ist es zunächst scheinbar egal, in welchem Land produziert wird. Fallen aber die Lohnkosten als Entscheidungskriterium für eine Standortwahl weg, treten plötzlich wieder andere Kriterien in den Vordergrund. So waren neben Marktnähe und politischer Stabilität vor allem das hohe Qualifikationsniveau der Arbeiter sowie eine gute Infrastruktur ausschlaggebend, als sich ein Hersteller von Mobiltelefonen für Deutschland als Produktionsstandort entschied. Nur hier sah er eine hohe Produktqualität und eine ständige Optimierung der Prozesse gewährleistet.

Die überwiegende Anzahl der untersuchten Unternehmen nannte die beiden wichtigsten Ziele *Rationalisierung* und *Verbesserung der Prozeß- und Produktqualität* in Kombination. Diese Unternehmen führen ein Automatisierungsprojekt nur dann durch, wenn neben einer Rationalisierung auch eine Qualitätsverbesserung erzielt wird. Diese Kombination wird fast immer bei Unternehmen vorgefunden, deren erklärtes Ziel der Standorterhalt in Deutschland ist.

Überraschendes tritt zutage, wenn man die operativen Ziele der 90er Jahre mit den operativen Automatisierungszielen der 80er Jahre vergleicht. In den 80er Jahren wollten 95 % der Unternehmen – 14 % mehr als heute – mit Automatisierungstechnik Rationalisierungen erzielen. Ein Grund für die verringerte Zahl an Nennungen in den 90er Jahren ist sicherlich der, daß man die Möglichkeiten der Automatisierungstechnik heute realistischer einschätzt als früher.

Etwa ebenso viele Unternehmen (69 %) wie heute gaben in den 80er Jahren das Ziel Qualitätsverbesserung an. In Anbetracht der allgegenwärtigen Qualitätsdiskussionen scheint diese Quote jedoch zu niedrig. Eine mögliche Erklärung hierfür ist, daß Automatisierungstechnik nicht als alleiniges Mittel gesehen wird, um die seit einigen Jahren stark gestiegenen Qualitätsanforderungen zu erfüllen. Vielmehr scheinen in manchen Unternehmen signifikante Qualitätssteigerungen nur noch durch die Einführung eines Qualitätsmanagements und die Anwendung anderer Methoden wie Qualitätszirkel oder die Fehlermöglichkeits- und -einflußanalyse (FMEA) möglich.

Signifikante Abweichungen bei den Zielen treten u.a. bei der Humanisierung der Produktion auf. Anfang der 80er Jahre gaben 63 % der Unternehmen *Ergonomieverbesserung* oder *höhere Arbeitssicherheit* als Ziel an. Bei unseren aktuellen Untersuchungen nannten nur noch 12 % der Unternehmen dieses Ziel. Ein heutzutage stark verringerter Stellenwert der Ergonomie und der Arbeitssicherheit kann hieraus jedoch nicht ohne weiteres abgeleitet werden. Zum einen sind die Arbeitsplätze in den letzten Jahren sehr viel ergonomischer und sicherer geworden, und man sieht diese Thematik heute weitgehend als Selbstverständlichkeit an. Zum anderen gab es damals eine – z. T.

auch mit öffentlichen Geldern geförderte – „Humanisierungseuphorie". Diese hatte, sicherlich nicht zuletzt unterstützt durch die Aussicht auf Fördermittel, das Thema Ergonomie und Arbeitssicherheit besonders stark in den Vordergrund gerückt. Ein Beispiel für ein öffentlich gefördertes Programm ist das Programm „Humanisierung des Arbeitslebens" des BMFT ab 1972.

Interessant ist auch, daß in den 80er Jahren aufgrund der Motivation *Interesse an neuer Technik* Projekte durchgeführt wurden. Dieses Ziel wird heute von den Unternehmen nicht mehr genannt. Erklären läßt sich dies hauptsächlich mit dem stark gestiegenen Kostendruck. Man kann es sich heute weniger denn je leisten, ein Projekt „in den Sand" zu setzen. Um das Risiko zu verkleinern, wird möglichst auf den Stand der Technik zurückgegriffen. Oft sind Unternehmen nur dann bereit, grundlegend neue Wege zu gehen, wenn Projekte mit öffentlichen Forschungsgeldern gefördert werden. In manchem Unternehmen kann erst auf diese Weise die Wirtschaftlichkeit des Projektes erreicht werden.

Zielverfolgung

Mit dem Aufstellen von operativen Zielen für die Produktion eines Unternehmens ist es freilich nicht getan. Die größte Wirkung erreicht man erst dann, wenn die formulierten Ziele für alle Mitarbeiter transparent sind, quantifiziert werden und auf einzelne Abteilungen und Mitarbeiter „heruntergebrochen" werden. Um eine hohe Motivation und realistische Ziele zu erreichen, ist es besonders wichtig, die Ziele mit den Mitarbeitern abzustimmen und nicht einfach vorzugeben.

Nur etwa 15 % der untersuchten Unternehmen verfolgen diesen Weg konsequent. Auf der Grundlage der strategischen Unternehmensziele gibt hier ein enger Kreis von Führungskräften operative Ziele vor, die in der Produktion erreicht werden sollten. Einmal im Jahr erfolgt eine Anpassung dieser Ziele an die aktuelle Situation und eine Überprüfung, inwieweit die Ziele der vorigen Periode erfüllt wurden.

Geben aber nur 15 % der untersuchten Unternehmen ihrer Produktion, ihren Abteilungen und Mitarbeiten konkrete Ziele vor, bedeutet das im Umkehrschluß folgendes: In 85 % der untersuchten Unternehmen gibt das Topmanagement der Produktion entweder nur unscharf und unvollständig formulierte Ziele oder überhaupt keine expliziten Ziele vor! Da der Erfolg eines Unternehmens jedoch wesentlich von klaren Zielvorgaben abhängt, erscheint es uns kaum zufällig, daß es gerade besonders erfolgreiche Unternehmen sind, die ihre Produktionsziele explizit definieren und verfolgen.

Bei einem Hersteller handgeführter, automatischer Werkzeuge begeben sich jedes Jahr alle Führungskräfte der Produktion in eine zweitägige Klausur. Insgesamt werden dort 14 Produktionsziele ermittelt oder angepaßt: beispielsweise Verringerung der Vorgabezeiten um 3 %, Verringerung des Ausschusses um 7 % oder Senkung des Umlaufbestandes um 12 %. Die Ziele werden anschließend von der Unternehmensleitung genehmigt und den einzelnen Abteilungen zugeordnet. Diese detaillieren jedes Ziel und passen es an ihre Situation an. Am Ende eines Jahres findet dann eine Kontrolle der Zielerreichung statt (Nachkalkulation).

Ein anderes Beispiel, wie Ziele in Unternehmen verfolgt werden, fanden wir am deutschen Standort eines ausländischen Pharmakonzerns. An allen Standorten liegt ein spezieller Aktenordner vor, in dem konzernweit die Ziele des Topmanagements festgehalten sind. Jedes Jahr müssen alle Mitglieder des Topmanagements – angefangen vom Vorstand bis hin zu den Geschäftsführern der einzelnen Standorte mit Einkaufs-, Produktions- und Vertriebsfunktionen – auf einer Schreibmaschinenseite ihre Ziele für die nächsten zwölf Monate nennen und weitestgehend quantifizieren. An jedem Standort werden die relevanten Ziele bis auf die Ebene der Vorarbeiter „heruntergebrochen" und regelmäßig kontrolliert.

Zielerreichung

Auch bei Automatisierungsprojekten müssen Ziele nicht nur gesetzt und verfolgt, sondern auch erreicht werden. Auf den ersten Blick gestaltet sich die Zielerreichung vor allem dann einfach, wenn genau quantifizierte Ziele vorliegen. Hat man zu Beginn eines Projektes z.B. die angestrebte Produktivitäts- oder Qualitätsverbesserung im Detail festgelegt, bestehen bei der Erfolgskontrolle scheinbar keine Probleme mehr. Die Gesprächspartner bestätigten in den Interviews, mit den meisten ihrer *Automatisierungsprojekte* die anfangs gesetzten *Ziele* auch *erreicht* zu haben.

Eine genauere Untersuchung der Projekte ergab jedoch einige aufschlußreiche Erkenntnisse. Ein Teil der Ziele wurde nur nach einer wesentlich *längeren Anlaufphase* als geplant erreicht. Damit verbunden sind in der Regel ein *höherer Aufwand* und *Mehrkosten*. Diese entstehen vor allem dann, wenn es zu ungeplanten Änderungen an vor- oder nachgelagerten Prozessen, Produkten oder gar Komponenten der automatischen Betriebsmittel kommt (vgl. Kap. 5).

Erfüllen automatische Betriebsmittel einmal die gesetzten Ziele nicht ganz, so bedeutet das keineswegs, daß diese wieder außer Betrieb genommen werden oder daß es in jedem Fall gelingt, durch Nachbessern alle Ziele doch noch zu erreichen. Meist sind die Unternehmen bereit, geringe Leistungseinbußen hinzunehmen.

Was das Einhalten der Amortisationszeit von Betriebsmitteln betrifft, so gaben einige Gesprächspartner zu, über eine mangelhafte oder gar fehlende Nachkalkulation froh zu sein, da es oft schwierig sei, kurze Amortisationszeiten von ein bis zwei Jahren einzuhalten.

Neben den erreichten Zielen gibt es bei Automatisierungsprojekten auch immer wieder erfreuliche zusätzliche Ergebnisse. Wird ein Automatisierungsprojekt gestartet, obwohl das Produkt noch nicht automatisierungsgerecht gestaltet ist, so kann es in Einzelfällen zu überraschenden Resultaten kommen. Der Leiter für Automatisierungsprojekte bei einem Hersteller von Meßtechnik beschrieb im Interview seine Erfahrungen wie folgt: *„Das Produkt sollte automatisiert gefertigt werden. Um eine Automatisierung zu ermöglichen, wurde das bereits existierende Produkt automatisierungsgerecht umgestaltet. Aufgrund des automatisierungsgerechten Designs wurde aber auch eine viel schnellere und damit billigere manuelle Montage möglich. Eine Automatisierung dieses Fertigungsschrittes wurde dadurch unrentabel, da wir nur in kleinen oder mittleren Losgrößen produzieren."*

Weitere positive Zusatzergebnisse bei realisierten Automatisierungsprojekten können sein:

- Erhöhung der Mitarbeitermotivation,
- Know-how-Erweiterung der Mitarbeiter,
- Vergrößerung der Transparenz der Produktion,
- Verbesserung des Materialflusses,
- Verkürzung der Durchlaufzeit,
- Straffung der Produktpalette und
- Qualitätsverbesserung bei den Produkten.

Fazit

Die „Standortfrage Deutschland", als Teil des strategischen Ziels der langfristigen Unternehmenssicherung, ist für produzierende Unternehmen eng mit dem Thema „Automatisierung der Produktion" verknüpft. Trotzdem formulieren nur 34% der untersuchten Unternehmen explizit das Ziel „Standorterhalt durch Automatisierung der Produktion". Die Mehrzahl dieser Unternehmen geht bei der Einführung von Automatisierungstechnik in der Produktion besonders systematisch und konsequent vor. Die auf die einzelnen Unternehmen bezogenen Vorgaben sind dabei klar und quantifiziert formuliert: beispielsweise Produktivitätssteigerung von 10% pro Jahr oder Einsparung von 300 Mio. DM in fünf Jahren.

Die *häufigsten* mit Automatisierungsprojekten verfolgten operativen *Ziele* sind *Rationalisierung* und *Verbesserung der Prozeß- und Produktqualität*. Rationalisierung, also das unablässige Bemühen, mit weniger Aufwand zu produzieren, ist erwartungsgemäß die Haupttriebfeder für Automatisierungsprojekte. Die häufige Nennung der Verbesserung der Prozeß- und Produktqualität ist dagegen Ausdruck steigender Ansprüche der Kunden sowie schlechter Erfahrungen vieler Unternehmen mit ausländischen Produktionsstandorten in Niedriglohnländern. So manches Unternehmen beklagt eine mangelnde Liefertreue und -qualität. Als Konsequenz bleibt vielfach nur, die Produktion nach Deutschland zurückzuholen und weitestgehend automatisiert zu fertigen.

Nur 15% der untersuchten Unternehmen formulieren und verfolgen operative Ziele für die Produktion explizit. Die Ziele werden bis auf die Ebene von Meistern oder Vorarbeitern „heruntergebrochen", weitestgehend quantifiziert und – besonders wichtig – auch regelmäßig kontrolliert. Dieses Vorgehen ist für überdurchschnittlich erfolgreiche und gut geführte Unternehmen charakteristisch.

Die meisten der mit Automatisierungsprojekten verfolgten Ziele werden heutzutage erreicht. Bei manchen Projekten gelingt dies allerdings nur nach einer längeren Anlaufphase, mit einem höheren Aufwand und mit zusätzlichen Kosten. Manchmal kann auch die geforderte Amortisationszeit nicht eingehalten werden, vor allem, wenn diese unter zwei Jahren angesetzt wurde. Immer wieder kommt es allerdings auch zu erfreulichen Zusatzergebnissen wie einer erhöhten Mitarbeitermotivation oder einer transparenteren Produktion.

Literatur

1 Bauer, S. et al.: Abschlußbericht zum Programm „Forschung zur Humanisierung des Arbeitslebens": Anwendungsberatung für flexible Handhabungssysteme: Beratungszentrum Industrieroboter (Teil 2). Bonn: Forschungsbericht des Bundesministeriums für Forschung und Technologie (BMFT), 1987

5 Erfolgsfaktoren bei Automatisierungs- projekten: Was machen erfolgreiche Unternehmen anders?

Rangfolge der Erfolgsfaktoren und Übersicht

Bei unseren Untersuchungen ließen sich zehn Faktoren identifizieren, die über Erfolg oder Mißerfolg eines Automatisierungsprojektes in der Produktion entscheiden. Sämtliche Erfolgsfaktoren (Abb. 5.1) gehören einer der beiden Gruppen

- Beschreibung der menschlichen bzw. organisatorischen Komponente oder
- Beschreibung der technischen Komponente

eines Automatisierungsprojektes an.

Die Abbildung gibt auch einen Überblick über die sehr unterschiedlichen Einschätzungen der Bedeutung der Erfolgsfaktoren durch die Anwender der Automatisierungstechnik.

Die Bewertung der zehn Erfolgsfaktoren erfolgte anhand einer Punkteskala von 0 bis 10 gemäß ihrer Bedeutung, d.h. ihres Einflusses auf den Erfolg eines Automatisierungsprojektes. Die Vergabe von zehn Punkten an einen Erfolgsfaktor belegt, daß dieser für den Erfolg eines Projektes als „extrem wichtig" eingeschätzt wird. Null Punkte bedeuten dagegen, daß dieser Erfolgsfaktor keinen Einfluß auf den Erfolg eines Automatisierungsprojektes hat.

Überraschend ist die Dominanz der menschlichen bzw. organisatorischen Komponente unter den Erfolgsfaktoren eines Automatisierungsprojektes. Die wichtigsten Erfolgsfaktoren *Aktive Verankerung des Automatisierungsprojektes im Management, bei allen Betroffenen sowie Mitarbeitermotivation* und *Schnelle Projektrealisierung* entstammen beide dieser Gruppe!

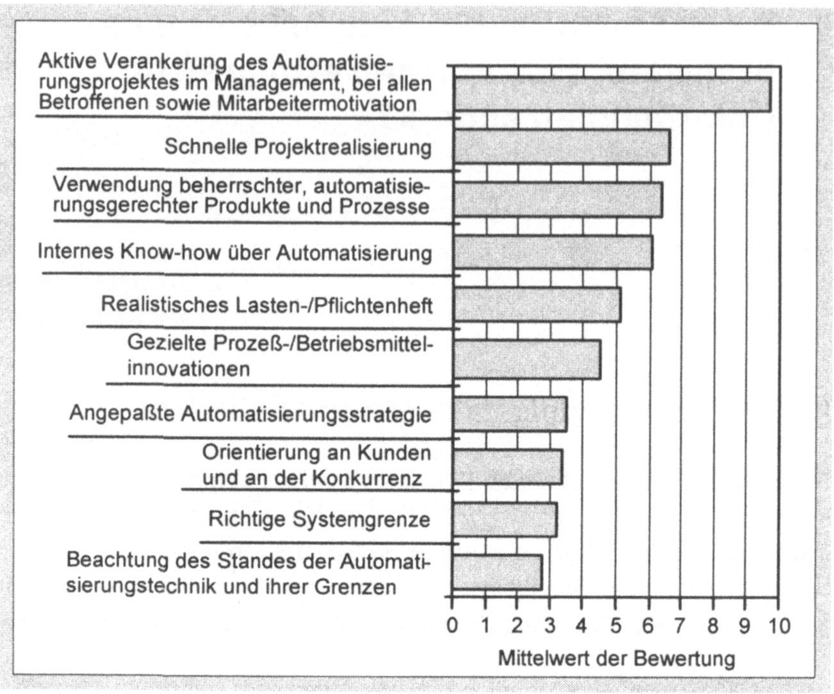

Abb. 5.1. Einfluß der Erfolgsfaktoren auf den Erfolg von Automatisierungsprojekten

Obwohl bei Automatisierungsprojekten immer die Technik inhalt-
licher Schwerpunkt ist, steht ein technischer Erfolgsfaktor erst an
dritter Stelle.

Die *Aktive Verankerung des Automatisierungsprojektes im Management, bei allen Betroffenen sowie Mitarbeitermotivation* wird nahezu von allen Unternehmen mit Abstand als wichtigster Erfolgsfaktor bezeichnet. Im Gegensatz zur CIM-Ära haben Führungskräfte
mittlerweile erkannt, daß nahezu jedes Projekt zum Scheitern verur-
teilt ist, wenn keine aktive Kommunikation und damit gezielte Integration der Betroffenen stattfindet. Auch der Mangel an einer weitgehenden organisatorischen und politischen Unterstützung im Unternehmen führt fast immer zu einem Projektfehlschlag. Zusätzlich zum
Personenkreis, der direkt mit einem neuen Betriebsmittel arbeiten soll,

müssen auch Führungspersonen aus nicht unmittelbar von einem Automatisierungsprojekt betroffenen Bereichen mit einbezogen werden. Letzteres hat beinahe eine strategische Bedeutung, wenn es darum geht, einflußreiche unternehmensinterne Widersacher des neuen Projektes zu integrieren.

Der zweitwichtigste Erfolgsfaktor *Schnelle Projektrealisierung* zielt ebenfalls stark auf die menschliche bzw. organisatorische Komponente eines Automatisierungsprojektes ab. Die Gründe für die Bedeutung dieses Erfolgsfaktors sind durchaus überraschend. Zunächst verbirgt sich hinter diesem Erfolgsfaktor wie erwartet die Aussage, daß die Unternehmen schnell sein wollen,

- um einen raschen Rückfluß der eingesetzten Investitionsmittel zu erreichen,
- um nicht von der technischen Entwicklung (Produkt[3] oder Produktionstechnik) überholt zu werden und
- um gegenüber der Konkurrenz möglichst einen Vorsprung zu erarbeiten.

Völlig unvermutet ist dagegen die Aussage, daß viele Unternehmen allein (oder auch) deshalb schnell sein müssen, weil sonst die unternehmensinterne Unterstützung und Motivation für das Projekt verloren geht. Bei nur schleppendem Verlauf des Projektes entsteht sonst die Gefahr, mit dem Vorhaben aus mangelndem Interesse der Mitarbeiter oder aus mangelndem Vertrauen in die Technik und die Projektleitung zu scheitern.

Dem an dritter Stelle genannten Erfolgsfaktor *Verwendung beherrschter, automatisierungsgerechter Produkte und Prozesse*[4] wird vor allem deshalb eine große Bedeutung zugemessen, weil eine enge Verbindung zwischen der Prozeßauswahl und der späteren Verfügbarkeit der Automatisierungstechnik sowie der Qualität der Produkte gesehen wird. Dieser Faktor entspricht auf den ersten Blick der gän-

---

[3] In diesem Kapitel ist mit „Produkt" immer ein Erzeugnis (und dessen Bestandteile) gemeint, das mit Hilfe von automatischen Betriebsmitteln oder von Menschen hergestellt wird.

[4] s. Fußnote 1, S. 7

gigen Lehrmeinung in der Automatisierungstechnik, erst dann zu automatisieren, wenn etwas dafür geeignet ist oder gut beherrscht wird. In der Praxis zeigt sich jedoch – dies wird durch die Einordnung des Erfolgsfaktors belegt –, daß die organisatorischen Erfolgsfaktoren einen höheren Stellenwert einnehmen. Hinzu kommt, daß in vielen Fällen auch dann automatisiert bzw. das Automatisierungsprojekt gestartet wird, wenn die Prozesse und Produkte noch nicht automatisierungsgerecht gestaltet sind. Entweder fehlt die Zeit für detaillierte Vorentwicklungen, oder ein Prozeß kann erst gemeinsam mit dem automatischen Betriebsmittel genau definiert und zur Reife gebracht werden. Manchmal unterschätzen Anwender von Automatisierungstechnik auch schlicht die hin und wieder auftretenden Probleme, wenn Prozesse oder Produkte nicht automatisierungsgerecht gestaltet werden. Einige wenige Unternehmen betrachten es allerdings als einen wichtigen Wettbewerbsvorteil, bewußt Prozesse zu automatisieren, welche die Konkurrenz kaum oder gar nicht beherrscht.

Eine ähnliche Bedeutung für den Erfolg eines Automatisierungsprojektes wie bei dem eben beschriebenen Erfolgsfaktor, wird dem Faktor *Internes Know-how über Automatisierung* zugemessen. Der vierte Rang belegt, daß Wissen über Automatisierung oder über bestimmte Arten von Automatisierungstechnik (z.B. Materialflußsysteme) nicht als unabdingbar für erfolgreiche Automatisierungsprojekte angesehen wird. Interessant ist, daß es bei den Unternehmen zwei Lager gibt: Diejenigen, die eigenes Automatisierungsknow-how im Unternehmen generell für unverzichtbar halten, und diejenigen, die fast vollständig auf externe Planer bzw. Hard- und Softwarelieferanten[5] vertrauen. Die zuletztgenannte Gruppe von Unternehmen beschränkt entweder ihre Automatisierungskompetenz auf ganz wenige Kernprozesse, oder sie sieht ihre Kompetenz nicht in den Produktionsprozessen oder der Produktionstechnik, sondern in den Produkten.

In vielen Unternehmen wird die Erstellung eines *Realistischen Lasten-/Pflichtenheftes* als unkritisch eingeschätzt, wie der mittlere Rang belegt. War es noch bis Anfang der 90er Jahre durchaus an der Tagesordnung, daß überzogene Forderungen an die Technik einen

---

[5] s. Fußnote 2, S. 26

Projekterfolg gefährdeten, so scheint die Situation heute weitgehend entspannt. Die Unternehmen hegen überwiegend realistische Erwartungen an die Automatisierungstechnik. Häufig wird in den Unternehmen nur der Prozeß oder das Produkt im Lastenheft detailliert spezifiziert. Die genaue Ausarbeitung des Lasten-/Pflichtenheftes für die Produktionstechnik fällt dann dem Betriebsmittellieferanten zu. Die Forderungen der Anwender von Automatisierungstechnik an deren Hersteller sind heute generell „diskussionsfähig": Ziel ist es, unter den gegebenen zeitlichen und ökonomischen Randbedingungen *gemeinsam* ein Maximum zu erreichen.

Der Einfluß *Gezielter Prozeß-/Betriebsmittelinnovationen* auf den Projekterfolg hängt sehr stark von individuellen Erfahrungen in den Unternehmen, ihren Produkten, Prozessen und ihrer Stellung am Markt ab. Beispielsweise werden in Unternehmen, für die Termintreue extrem wichtig ist, Betriebsmittelinnovationen nur beschränkt initiiert oder eingeführt. Falls am Markt für die geforderte Aufgabe Automatisierungstechnik erhältlich ist, greifen die Unternehmen lieber auf diese zurück und gehen gegebenenfalls Kompromisse bei der Produktivität oder – in Einzelfällen – bei der Produktqualität ein. Hauptgrund ist die Angst vor einer unzureichenden Verfügbarkeit der innovativen Betriebsmittel. Unternehmen, deren Produkte vor allem mit verfahrenstechnischen Prozessen hergestellt werden, bleibt dagegen oftmals keine Wahl. Sie müssen gezielte Innovationen an Prozessen vornehmen, um die Voraussetzung zur Automatisierung zu schaffen.

Der Erfolgsfaktor *Angepaßte Automatisierungsstrategie* wird als nicht übermäßig bedeutend eingestuft. Ein systematisches Vorgehen bei der Automatisierung der Produktion nach klar definierten Kriterien oder im Rahmen eines mittel- bis langfristigen Plans, ist nur bei etwa der Hälfte aller Unternehmen zu erkennen. Der recht geringe Stellenwert dieses Erfolgsfaktors erklärt sich unserer Ansicht nach zumindest teilweise damit, daß die zugrundeliegenden Ideen und möglichen Vorteile einer angepaßten Automatisierungsstrategie in den Unternehmen zu wenig bekannt sind. Dies unterstützen auch die Aussagen der wenigen Unternehmen, bei denen dieser Erfolgsfaktor einen hohen Stellenwert genießt.

Die *Orientierung an Kunden und an der Konkurrenz* spielt für den Erfolg von Automatisierungsprojekten eine untergeordnete Rolle. Nur wenige Unternehmen erhalten konkrete Impulse durch die Produktionstechnik der Konkurrenz. Da die meisten Unternehmen über eine gute Kenntnis des Standes der Technik in ihrem Bereich verfügen, kennen sie das Marktangebot und die Produktionstechnik der Konkurrenz i. d. R. gut. Das herzustellende Produkt beeinflußt aufgrund der Kundenwünsche ebenfalls die Automatisierungstechnik. Ein Einfluß auf den Erfolg oder Mißerfolg eines Automatisierungsprojektes wird in diesem Zusammenhang jedoch nicht gesehen.

Dem Erfolgsfaktor *Richtige Systemgrenze* messen die Unternehmen eine nur geringe Bedeutung bei. Bei der Mehrzahl der Unternehmen ist genug Erfahrung vorhanden, um Systemgrenzen beinahe „intuitiv" richtig festlegen zu können. Darüber hinaus gibt es viele Anforderungen und Randbedingungen, welche die Planungsalternativen bei Automatisierungsprojekten zusätzlich einschränken. In vielen Fällen wird die Systemgrenze allein davon schon festgelegt.

Die bewußte *Beachtung des Standes der Automatisierungstechnik und ihrer Grenzen* wird von den Unternehmen als unbedeutend eingestuft. Dies liegt hauptsächlich daran, daß sich die überwiegende Mehrheit der Automatisierungstechnik-Anwender von den zweifellos vorhandenen Grenzen der Automatisierungstechnik nicht beschränkt fühlt oder diese überhaupt nicht wahrnimmt. Der Stand der Automatisierungstechnik ist insgesamt sehr hoch, so daß die meisten Projekte, so die Aussagen der Gesprächspartner, ohne risikoreiche Innovationen mit dem Stand der Technik realisierbar sind.

Die hier kurz dargestellten Erfolgsfaktoren werden im folgenden ausführlich und mit Beispielen erläutert.

Erfolgsfaktor 1:
Aktive Verankerung des Automatisierungsprojektes im Management, bei allen Betroffenen sowie Mitarbeitermotivation

Der Erfolgsfaktor 1 beschreibt die zahlreichen Facetten des Human factor im Zusammenhang mit einem Automatisierungsprojekt, wie

- Einbeziehung von Mitarbeitern unterschiedlicher Organisationsebenen,

- Führung von Mitarbeitern,
- Intensität der Unterstützung von Projektteams durch die Führungskräfte,
- Umgang mit Problemen bei Projekten,
- Projektmanagement und
- Motivation von Projektmitarbeitern.

Auf der Managementebene ist hauptsächlich von Interesse, welche Haltung das Management einnimmt, *nachdem* es sich für ein Projekt ausgesprochen hat. Dagegen geht es auf der Ebene der vom Projekt direkt Betroffenen vor allem um die Art und Weise, wie dieser Personenkreis über das Projekt informiert und eine konstruktive Mitarbeit erreicht wird.

Obwohl es bei Automatisierungsprojekten um Technik geht, nimmt überraschender Weise dieser nicht-technische Erfolgsfaktor bei den Gesprächspartnern ausnahmslos eine exponierte Stellung ein. Die Bedeutung dieses Erfolgsfaktors erreicht mit einer Gewichtung von 9,8 (vgl. Abb. 5.1) knapp die theoretische Obergrenze von 10,0. Zusätzlich weist dieser Erfolgsfaktor unter allen zehn Erfolgsfaktoren den weitaus größten Abstand zum Nächstplazierten auf.

Bei den Untersuchungen war deutlich zu erkennen, welche Bedeutung der Human factor in den 90er Jahren in den Unternehmen erhalten hat. Sämtliche Gesprächspartner ließen keinen Zweifel daran, wie wichtig ihnen die Mitarbeiter im Zusammenhang mit einem Automatisierungsprojekt sind. Bei einem bedeutenden Automatisierungsprojekt müssen von der Planung bis zur Realisierung *alle betroffenen Mitarbeiter* (einschließlich Vorstand/Geschäftsführung) *eingebunden* werden. „Mitarbeiterintegration" wird keineswegs als Modeerscheinung oder „Phrase" abgetan. Ein Produktionsleiter formulierte das drastisch: *„Im Zweifelsfall steht die Technik hinter dem Menschen zurück!"* Diese Aussage belegt eine Tendenz in den Unternehmen: In Konfliktsituationen entscheidet sich eine wachsende Zahl von Unternehmen nicht mehr stur für die beste Technik oder einen maximalen Automatisierungsgrad. Vielmehr wird eine optimale Gesamtlösung in einem hybriden System aus Mensch und Technik angestrebt. Gibt es Interessenkonflikte, sind im Zweifelsfall die Wünsche der Anlagenbediener wichtiger als das „Ausreizen" technischer Möglichkeiten.

Obwohl sich die überwältigende Mehrheit der Unternehmen zur Mitarbeiterintegration bekennt, gibt es je nach Hierarchieebene deutliche Unterschiede hinsichtlich ihrer Einbindung in Automatisierungsprojekte.

In mehr als 35 % der Unternehmen ist die Einbindung von Führungskräften völlig unzureichend. Wegen mangelnder Unterstützung durch die Führungskräfte scheitern nicht zuletzt etliche Automatisierungsprojekte. Die meisten Gesprächspartner beklagten eine derzeit noch ungenügende Integration von Führungskräften der obersten Ebene (Topmanagement) und der Meisterebene.

Die ungenügende Einbindung von Führungskräften bei wichtigen betrieblichen Abläufen wird auch in der Literatur immer wieder kritisiert. So konnten am Beispiel der Pflege der Kunden-Lieferantenbeziehungen große Unterschiede zwischen Japan und Europa nachgewiesen werden [1]. In japanischen Unternehmen ist die Teilnahme von Vorstandsmitgliedern oder gar dem Vorstandsvorsitzenden an Lieferanten-Workshops keine Seltenheit. In europäischen Unternehmen dagegen ist diese Art der Unterstützung von Mitarbeitern der Fachabteilungen durch das Topmanagement die Ausnahme.

Die Bedeutung der Mitarbeiter eines Projektes leitet sich nur zum geringen Teil aus ihrer jeweiligen Funktion innerhalb des Projektes ab. Vielmehr ist mittlerweile allen klar geworden, daß jedes Projekt scheitern wird, wenn es die unmittelbar Betroffenen nicht *bewußt* „mittragen" („It's-my-baby-Effekt"). Spätestens bei der Realisierung, der Inbetriebnahme oder gar beim nachfolgenden regulären Produktionsbetrieb der automatischen Betriebsmittel wird es sonst zum Scheitern des Projektes kommen. Gerade die Inbetriebnahmephase gilt als recht kritisch. Sind die Betriebsmittel von Anfang an nicht ausreichend funktionsfähig, weil größere Probleme auftreten, so hängt ein Gelingen des Projektes direkt von der Identifikation der Mitarbeiter mit dem Betriebsmittel und ihrem generellen Engagement im jeweiligen Projekt ab. Bei zu geringer Identifikation mit einem Betriebsmittel besteht grundsätzlich die Gefahr, daß schon das kleinste Problem zum Anlaß genommen wird, das Betriebsmittel als unbrauchbar darzustellen („*Das haben wir ja von Anfang an gewußt.*"), anstatt ernsthaft nach Problemlösungen zu suchen.

Abbildung 5.2 zeigt die Integration von Mitarbeitern der unteren Hierarchieebenen bei umfangreichen Automatisierungsprojekten. Bei größeren Projekten werden mittlerweile in 49% der Fälle Meister und Mitarbeiter mit einbezogen. Bei 43% der Projekte werden zwar die Meister integriert, die Mitarbeiter aber über die geplanten Veränderungen nur informiert. Bei 4% aller Projekte werden Meister und Mitarbeiter lediglich informiert bzw. ebenfalls bei 4% der Projekte vor vollendete Tatsachen gestellt.

Bei der Frage, inwieweit Mitarbeiter der untersten Hierarchieebene eingebunden werden können, sind die Meinungen geteilt.

Bei etwa 25% der Unternehmen gibt es ganz praktische Probleme, Mitarbeiter der untersten Hierarchieebene einzubinden, wie uns an vielen Beispielen erläutert wurde.

Die betroffenen Mitarbeiter haben oft ein nur geringes Interesse, sich im Vorfeld von Automatisierungsprojekten eigene Gedanken zu machen oder an Informationsveranstaltungen teilzunehmen.

Als ein Hersteller von Maschinen zur Papierweiterverarbeitung eine neue Halle errichtete, um mit höherem Automatisierungsgrad und verbesserter Organisations- und Materialflußstruktur die Produktivität seiner Produktion zu erhöhen, stieß er bei den Mitarbeitern auf weitgehendes Desinteresse. Nur 20% waren an der Thematik interessiert, beteiligten sich an Informationsveranstaltungen und versuchten sich, zumindest teilweise, einzubringen. Die übrigen Mitarbeiter standen dem Vorhaben gleichgültig oder ablehnend gegenüber.

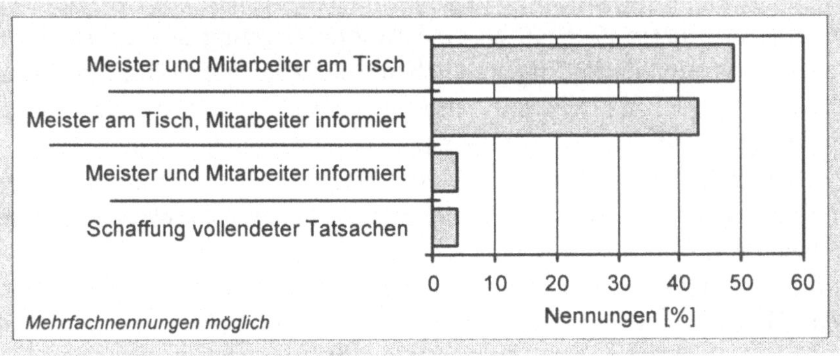

Abb. 5.2. Einbeziehung von Mitarbeitern unterer Hierarchieebenen

Ein weiteres Problem besteht in der mangelnden sprachlichen oder fachlichen Qualifikation der Mitarbeiter der untersten Hierarchieebene. Bei einigen Automatisierungsprojekten scheitert die Mitarbeiterintegration schlicht am fehlenden fachlichen Verständnis für das Vorhaben oder an sprachlichen Verständigungsschwierigkeiten.

Es gibt auch Automatisierungsprojekte, bei denen auf die Integration von Mitarbeitern der untersten Hierarchieebene allein deshalb verzichtet werden muß, weil sie unabkömmlich sind. Ihre Integration im Rahmen von Informationsveranstaltungen, Arbeitskreisen usw. würde die Produktion ins Stocken geraten lassen.

Generell gibt es einen Trend in den Unternehmen, Projekte auf eine breitere Basis zu stellen. Das heißt, es wird zunehmend versucht, auch Abteilungen oder Funktionsträger mit einzubeziehen, die mit dem Projekt kaum oder gar nichts zu tun haben. Dies fördert bei Problemen die Unterstützung der Projekte und wird als ein Stück Unternehmenskultur verstanden.

Immer wieder wurde von den Gesprächspartnern betont, wie stark die Unterstützung für ein Projekt von der Vorbildung der Führungskräfte abhängt. Sind diese „Techniker", d.h. sie verfügen über eine technische Lehre oder ein technisches bzw. naturwissenschaftliches Studium, so ist die Unterstützung größer als bei „Nicht-Technikern". Juristen, Betriebswirtschaftler usw. akzeptieren Automatisierungsprojekte wesentlich weniger. Ein häufiger Vorwurf lautet, daß die „Nicht-Techniker" in aller Regel dazu neigen, Projekte „tot zu rechnen" und nur auf die Kosten, nicht aber auf andere, möglicherweise zunächst kaum quantifizierbare Faktoren, zu achten. Dies ist eng verbunden mit ihrem Ziel, durch eine Automatisierung immer den kurzfristig einsetzenden Erfolg zu suchen oder aber auf Automatisierung ganz zu verzichten. Auf diese Weise werden beispielsweise Innovationen gescheut, die erst mittelfristig Erfolg zeigen können.

Diese Erfahrungen mußte auch der Technische Leiter eines Bauzulieferers machen. Er war verantwortlich für die Entwicklung einer neuen Produktgeneration und wollte die Chance nutzen, zusammen mit dem neuen Produkt auch die Produktion gründlich zu modernisieren. Hintergrund war der Wunsch, in hoher Qualität flexibel und marktnah zu produzieren. Außerdem sollten durch eine Kombination aus Gruppenarbeit und Automatisierung der wichtigsten Materialfluß-

und Fertigungsprozesse die Arbeitsplätze in Deutschland erhalten bleiben. Alternativ wurde eine weitgehende Verlagerung der bestehenden Produktion nach Osteuropa erwogen. Da diese Variante von den Herstellkosten her günstiger war, entschied sich die Geschäftsführung, die Produktion zu verlagern. Dieser Entschluß wurde trotz des Widerstands des Technischen Leiters und seiner Mannschaft gefaßt. Sie sagten Liefer- sowie Qualitätsprobleme voraus und konnten dies anhand erster Probelieferungen auch nachweisen. Auch nachdem die Serienproduktion in Osteuropa angelaufen war, gelang es dem Unternehmen nicht, die Qualitätsprobleme zu beheben. Nach derzeitigem Stand will man zukünftig versuchen, mit ihnen zu „leben".

Der Einfluß von Führungskräften der obersten Hierarchieebenen auf die Gestaltung der Produktion und damit auf den Unternehmenserfolg ist frappierend groß und kann gar nicht hoch genug eingeschätzt werden. Wie eine Produktion oder Bereiche davon aussehen, hängt allzu oft von den persönlichen Ansichten der obersten Führungskräfte und nicht von (mehr oder minder) objektiven Erwägungen ab. So gibt es Fälle, bei denen erst nach dem Ausscheiden des betriebswirtschaftlich ausgebildeten Werksleiters aus dem Unternehmen die Produktion im notwendigen Maße modernisiert, d. h. zumindest teilweise automatisiert, werden konnte. Davor hatte es jahrelang einen Innovationsstau in der Produktion gegeben. Der direkte Einfluß auf den Unternehmenserfolg über die Herstellkosten, die Produktqualität, die Liefertreue usw. braucht hier nicht mehr näher erläutert werden.

Neben der großen Abhängigkeit der Automatisierungsprojekte von den Erfahrungen und Neigungen der obersten Führungskräfte wird noch ein weiterer Punkt beklagt. Führungskräfte, besonders die der obersten Hierarchieebenen, wollen und müssen zwar bei der grundsätzlichen Entscheidung über ein Projekt gefragt werden. Nach Projektstart sinkt jedoch ihr Interesse am Projekt rapide ab. Im weiteren Projektverlauf konzentrieren sie sich dann beinahe ausschließlich auf die Budget- und Termineinhaltung (*„Wann ist das Projekt endlich fertig?"*).

Dieses Verhalten der Führungskräfte wird von Projektleitern und Projektmitarbeitern sehr kritisch gesehen. Treten in einem Projekt größere Probleme auf, so wird weniger die fachliche Unterstützung vermißt, sondern vor allem die „Rückenstärkung" durch die Vorgesetzten. Sei es, um innerbetriebliche Widerstände zu überwinden, neue Finanzmittel zu beschaffen oder aber mit Zulieferern oder Kunden neue Vereinbarungen zu treffen. Auch hier hängt das Ausmaß der Unterstützung des Projektteams sehr stark vom fachlichen Hintergrund des Vorgesetzten ab. „Techniker" stehen bei Problemen wesentlich stärker und länger hinter ihrem Team als dies bei „Nicht-Technikern" der Fall ist.

Kleinere Probleme treten bei den Projekten immer auf, sind also völlig normal, und werden als *„ lästig, aber dazugehörend"* akzeptiert. Treten bei der Technik, dem Budget oder den Terminen größere Probleme auf, so kann heutzutage der Umgang damit innerhalb des Projektteams als sehr sachlich und zielorientiert bezeichnet werden. Sofern die Vorgesetzten das Projekt intensiv unterstützen, gilt diese Aussage auch für sie. Wenn jedoch größere Probleme zu einem bis zu diesem Zeitpunkt eher desinteressierten Vorgesetzten mit geringem Bezug zur Automatisierungstechnik gelangen, kann es harte, nicht immer rationale Maßnahmen geben. Kurzschlußreaktionen, wie Projektabbruch oder personelle Zwangsmaßnahmen, sind jedoch sehr selten.

Ein immer wieder auftretendes Problem bei Unternehmen sind beträchtliche Überschreitungen der ursprünglich geplanten Projektdauer. Bei schätzungsweise 15 % der Unternehmen wurden erhebliche Terminüberschreitungen festgestellt, die teilweise bis zu einigen Jahren betrugen.

Gerade Automatisierungsprojekte stoßen in Unternehmen relativ häufig auf „politische" Widerstände. Sei es, daß benachbarte Abteilungen das Projekt behindern oder anders ausführen lassen wollen, sei es, daß innerhalb der Führungsspitze Konflikte bestehen und allein deshalb schwerwiegende Meinungsverschiedenheiten auftreten. Scheinbare oder reale Interessenkonflikte gibt es beispielsweise immer wieder zwischen der Forschung und Entwicklung, dem Vertrieb, der Produktion oder dem Controlling. Der Einfluß der „Politik" auf Automatisierungsprojekte kann in Einzelfällen sehr groß sein: Wir haben Unternehmen besucht, in denen fast 50 % der Automatisierungsprojekte vom mittleren Management, dem Betriebsrat oder den Meistern behindert werden.

Die Meister werden vor allem vom mittleren und oberen Management als Ursache genannt, wenn es um die Behinderung von Automatisierungsprojekten geht. Aus der Tatsache, daß in ihrem Bereich automatisiert werden soll, würden die Meister zweierlei ableiten. Zum einen, daß sie bisher keine gute Arbeit geleistet haben, und zum anderen, daß ihr Ansehen und Einfluß im Betrieb mit der abnehmenden Mitarbeiterzahl in ihrem Bereich schwindet.

Ähnliche Erfahrungen machte das IPA auch bei der Einführung von Gruppenarbeit. Da bei diesem Organisationskonzept die Meister ihre Machtstellung weitgehend verlieren, gelten sie in den Unternehmen als große „Bremser".

Die Häufigkeit unternehmensinterner Querelen bei Automatisierungsprojekten veranlaßt immer mehr Projektverantwortliche, bereits im Vorfeld, strategische Abwehrmaßnahmen zu ergreifen. In aller Regel sind potentielle Störenfriede bekannt oder leicht auszumachen. Sie werden dann im Rahmen eines systematischen Vorgehens individuell angesprochen und für das Projekt „ins Boot geholt." Naturgemäß „menschelt" es hier stark, und der Erfolg hängt direkt vom psychologischen Geschick des Projektverantwortlichen ab.

Hat ein Projekt begonnen, so ist der Einfluß der Persönlichkeit des Projektleiters und des Projektmanagements nicht zu unterschätzen. Die Aufgaben des Projektleiters sind nicht nur die Kontrolle der Zeit- und Budgetpläne, sondern auch die richtige Ansprache und der effiziente Einsatz der Projektmitarbeiter. Die offensive Vertretung des Projektteams innerhalb des Unternehmens oder nach „außen" gehören ebenfalls zu den Aufgaben des Projektleiters. Seine Bedeutung und die eines straffen Projektmanagements liegen also auf der Hand. Leider wird in der Unternehmenspraxis dieser Erkenntnis zu wenig Rechnung getragen. Häufig wird der Projektleiter nicht sorgfältig genug ausgewählt, und anstatt eines fachlich kompetenten „Managertyps" kommen zu spezialisierte Fachleute oder Personen mit mangelnder Dynamik sowie zu geringen kommunikativen Fähigkeiten zum Zuge. Der negative Einfluß derartiger Fehlentscheidungen kann sehr groß sein und im Extremfall zum Scheitern eines Projektes führen. Diese Gefahr wird jedoch im Alltag meist völlig verdrängt.

Der entscheidende Einfluß der Motivation der am Projekt beteiligten Mitarbeiter und der vom Projekt betroffenen Mitarbeiter auf den Projekterfolg wurde bereits oben erwähnt. Was aber leisten die Unternehmen, um ihre Mitarbeiter zu motivieren?

Gewissermaßen als Grundvoraussetzung kann gelten, daß Motivation durch die Vorbildfunktion der Vorgesetzten und deren rückhaltlose Unterstützung im Verlauf des Projektes entsteht. Leider gibt es hier im Alltag noch große Defizite. Von den „klassischen" Motivationsmaßnahmen, die in nennenswertem Umfang zur Anwendung kommen, stehen Schulungen an vorderster Stelle (Abb. 5.3). Weitere wichtige Maßnahmen sind Job-enrichment und Job-enlargement sowie ein betriebliches Vorschlagwesen, das idealerweise auf der Philosophie des kontinuierlichen Verbesserungsprozesses (KVP) fußt.

In Ausnahmefällen gibt es noch zusätzliche, eher ungewöhnliche Maßnahmen wie das Anbieten von Kursen, die nicht unbedingt mit dem beruflichen Alltag zu tun haben müssen. Die häufigsten Beispiele hierfür sind Kurse zu den Themen Kochen, Fremdsprachen, Gesundheit, Kapitalanlage usw.

Eine derzeit noch relativ selten angewandte Methode zur Motivationserhöhung besteht in einer sehr offenen Informationspolitik über die Pläne und die aktuelle Geschäftslage des Unternehmens. Ein Hersteller von Haushaltsgeräten beispielsweise sendet regelmäßig an die Privatadressen seiner Mitarbeiter eine hauseigene Zeitschrift, in der offen über die finanzielle Situation des Unternehmens oder geplante Maßnahmen geschrieben wird. Diese Informations- und Motivationspolitik gilt bei den meisten Mitarbeitern des Unternehmens als sehr erfolgreich.

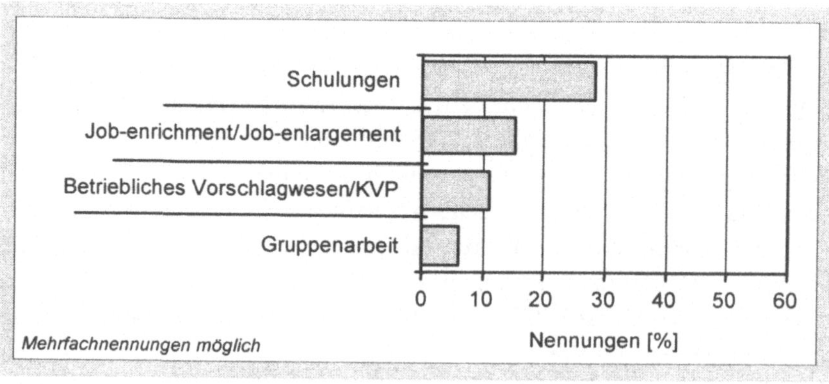

Abb. 5.3. Wichtige Maßnahmen zur Mitarbeitermotivation

Erfolgsfaktor 2:
Schnelle Projektrealisierung

Beim Erfolgsfaktor 2 geht es um den Einfluß der Umsetzungsgeschwindigkeit des Automatisierungsprojektes auf dessen Erfolg. Besonders zu beachten sind hierbei

- Einfluß unternehmensinterner und -externer Faktoren,
- Zielorientierung und Projektcontrolling sowie
- Maßnahmen zur schnellen Projektrealisierung.

Die Unternehmen sehen diesen Erfolgsfaktor als sehr wichtig an, wie die Gewichtung von 6,7 in Abb. 5.1 belegt.

Unternehmen wollen aus zwei übergeordneten Gründen schnell sein. Zum einen spüren sie mehr denn je äußeren Druck, der letztlich durch den „Markt" verursacht wird. Zum anderen gibt es unternehmensinterne Einflußfaktoren auf die Realisierungsgeschwindigkeit von Automatisierungsprojekten.

54 % der Unternehmen nennen den „Markt" als wichtigsten Grund, ein Automatisierungsprojekt schnell durchzuführen (Abb. 5.4). Für den Einfluß des Marktes sind vor allem die tendenziell immer härter werdende Konkurrenz, die wachsenden Ansprüche der Kunden, sich dadurch in aller Regel weiter verkürzende Produktlebenszyklen sowie die Notwendigkeit eines schnellen Rückflusses der Investitionsmittel verantwortlich.

Eine überraschend große Zahl an Unternehmen (40 %) nennt die *Erhaltung der Mitarbeitermotivation* als Hauptgrund für eine zügige Projektdurchführung. Die Unternehmen beklagen die große Gefahr, daß die am Projekt beteiligten und vom Projekt betroffenen Mitarbeiter bei zu lang andauernden Projekten demotiviert werden könnten.

Um eine zielgerichtete, rasche Projektabwicklung zu gewährleisten, sollten in den Unternehmen leistungsfähige Controlling-Systeme installiert sein. In der Praxis aber, so zeigen die Untersuchungen, stellt sich die Situation erheblich anders dar. In erschreckend wenigen Projekten gibt es klar definierte „Milestones", bei denen zu einem gewissen Zeitpunkt ein bestimmter Aufgabenfortschritt erreicht sein muß. Verzögerungen im Projektablauf sowie Abweichungen von den anfangs als sinnvoll erkannten Aktivitäten sind nur allzu häufig die

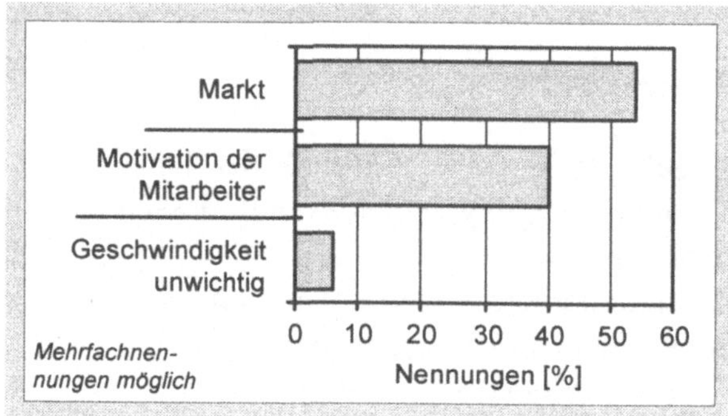

Abb. 5.4. Häufigkeit der Gründe für eine schnelle Projektrealisierung

Folge. Der Druck, in den späteren Projektphasen Zeit einsparen und improvisieren zu müssen, wird dadurch um so höher. „Pfusch" und unnötige Projektverzögerungen sind die Folge.

Besonders erstaunlich ist, daß bei den meisten Projekten keine oder keine korrekte Nachkalkulation stattfindet. Immer wieder wiesen uns die Gesprächspartner auf diesen eklatanten Mangel hin. Ihre Haltung zum Fehlen einer Nachkalkulation war allerdings ambivalent. Als Führungskräfte, wenngleich nicht aus den Controlling-Bereichen der Unternehmen stammend, sind sie einerseits mitverantwortlich für diesen von vielen bis heute nicht erkannten Mißstand. Andererseits profitieren sie als Verantwortliche für Entwicklungs- oder Produktionsbereiche auch davon. Mangelnde Nachkalkulation läßt ihnen „mehr Luft", Projekte letztlich doch noch erfolgreich umzusetzen, obwohl z. B. das vorkalkulierte Budget oder der gegebene Zeitrahmen weit überzogen wurden.

Die entstehenden Kosten bzw. entgangenen Gewinne durch nicht realisierte Produktverkäufe müßten eigentlich, entgegen den vorherrschenden Gepflogenheiten, in einer korrekten Nachkalkulation, ebenso wie die oft nicht explizit zuweisbaren Überstunden, Änderungskosten der Betriebsmittel usw. dem Projektbudget zugeordnet werden.

Nach den Aussagen der Betroffenen gibt es bei mehr Projekten, als gemeinhin bekannt ist, erhöhte Anlaufschwierigkeiten. Immer wieder ziehen sich Änderungen an den Betriebsmitteln oder den Produkten über Wochen und Monate, in Ausnahmefällen sogar Jahre (!) hin.

Ein weltbekannter Hersteller aus dem Bereich der Fluidtechnik liefert hierfür ein exemplarisches Beispiel. Ohne einen direkten Marktdruck zu verspüren, wurde Anfang der 90er Jahre für ein etabliertes Produkt ein Nachfolger entwickelt. Um die Herstellkosten zu senken, kam erstmals ein völlig neues konstruktives Konzept zur Anwendung. Dieses erlaubte nicht nur die Wahl preisgünstigerer Werkstoffe, sondern auch die Automatisierung der Fertigung und Montage.

Eine aufgebaute Roboterzelle entpuppte sich jedoch als absolutes Sorgenkind. Anstatt nach etwa sechs Monaten produktionsbereit zu sein, benötigten die Techniker mehr als drei Jahre, um die Anlage in akzeptabler Qualität und Geschwindigkeit zum Laufen zu bringen. Innerhalb dieser Zeit gab es nicht nur ständig Änderungen am Produkt und an den Prozessen, sondern auch einige Probleme mit der eingesetzten Technik. Als Folge hiervon sind das gesamte Projektteam und die Anlagenbediener vollkommen demotiviert. Ein weiterer Einsatz von flexibler Automatisierungstechnik im Unternehmen wird seitdem ausgeschlossen.

Um die Projektdauer in den Unternehmen zu verkürzen, werden sehr unterschiedliche Maßnahmen ergriffen:

- *Straffes Management/Controlling*
  Ein gutes Projektmanagement bzw. ein gutes Controlling ist eine Standardmaßnahme, um Projekte schnell zu realisieren. Dies ist jedoch in der Praxis noch viel zu selten der Fall.

- *Entscheidungskonsequenz*
  Für eine rasche und erfolgreiche Projektabwicklung ist es förderlich, wenn die definierten Ziele, Randbedingungen und Anforderungen nicht verändert werden. Einmal gefaßte Beschlüsse sollten möglichst beibehalten werden. Es liegt jedoch auf der Hand, daß ein „freezing" der Ausgangssituation eines Projektes nur selten möglich ist. Gleichwohl gibt es Unternehmen, die ständig ihre Projekte neu ausrichten. Häufig sind Mitarbeiter, die alles „besser" wissen, die Ursache für die ständigen Veränderungen. Teilweise besteht aber auch der – überzogene – Wunsch, das geplante automatische System für alle Produkte und Sonderfälle einsetzen zu können.

- *Simultaneous Engineering*
  Obwohl Simultaneous Engineering (SE) in aller Munde ist und an-

nerkannter Maßen Zeit spart, wird es in den Unternehmen noch sehr selten angewendet. In der Praxis lassen sich zwei Fälle unterscheiden. Die „Schmalspur-Variante" des SE, d.h. die ausschließlich hausinterne enge Zusammenarbeit, ist um einiges häufiger anzutreffen, als die Normalvariante, die auch Kunden und Zulieferer in den Planungsprozeß mit integriert (s. Kap. 6).

- *Einbeziehung von Produktionsmitarbeitern*
  Zunehmend setzt sich in den Unternehmen die Ansicht durch, die Erfahrungen der Produktionsmitarbeiter, die von dem Projekt betroffen sind und später mit dem automatischen System arbeiten müssen, frühzeitig und intensiv zu nutzen. Der Einfluß der Mitarbeiter auf die zu fertigenden Produkte, Prozesse oder die Auswahl und Gestaltung von Betriebsmitteln wächst deshalb stetig. Weniger Fehler und eine zielgerichtetere Arbeitsweise sind das Ergebnis und helfen, Zeit zu sparen.

- *Verwendung schlüsselfertiger Systeme*
  Sofern es für die geplanten Produktionsprozesse schlüsselfertige Systeme auf dem Markt gibt, kann durch ihre Verwendung Entwicklungs- und Erprobungszeit eingespart werden. Allerdings sind bei komplexeren Prozessen schlüsselfertige Systeme nur selten verfügbar bzw. ohne Modifikationen verwendbar. Deshalb ist diese Maßnahme bei Unternehmen äußerst selten anwendbar.

- *Durchführen unabhängiger Vorentwicklungen*
  Sofern mittel- bis langfristige Pläne zur Automatisierung der Produktion existieren und erforderliche Schlüsseltechnologien für die Produktion frühzeitig definiert werden können, sind, unabhängig von später zu startenden konkreten Projekten, Vorentwicklungen möglich. Erforderliche neue Prozesse oder Betriebsmittelkomponenten stehen so rechtzeitig zur Verfügung. Das konkrete Projekt kann dann zum gegebenen Zeitpunkt ohne große Überraschungen durchgeführt werden.

- *In-house-Fertigung*
  Um die oft langen Lieferzeiten (Wochen bis Monate) einzusparen, wird versucht, möglichst viele Komponenten im eigenen Unternehmen zu fertigen. Dies setzt natürlich einen leistungsfähigen Betriebsmittel- bzw. Werkzeugbau voraus und ist i.d. R. nur bei einfachen Betriebsmitteln möglich.

- *Fremdvergabe*
  Findet das Unternehmen einen leistungsfähigen externen Betriebsmittelbau bzw. leistungsfähige Lieferanten, kann durch die Vergabe von Aufträgen nach außen Zeit eingespart werden. Vor allem dann, wenn im eigenen Unternehmen zu lange Entscheidungswege zu durchlaufen sind oder Kapazitätsengpässe bestehen. Sind komplexere Betriebsmittel herzustellen, gibt es normalerweise zur Fremdvergabe ohnehin keine Alternative. Ideal ist es, wenn in solchen Fällen ständig aktualisierte Listen mit geeigneten Unternehmen zur Verfügung stehen. Um Abstimmungsaufwände und Schnittstellenprobleme zu verringern, werden Aufträge zunehmend an Generalunternehmer vergeben.

- *Externe Vorabnahmen*
  Vorabnahmen automatischer Betriebsmittel beim Hersteller können Zeit sparen, da mögliche Mängel sofort behoben werden können. Voraussetzung ist allerdings, daß die Testbedingungen mit den späteren Produktionsbedingungen vergleichbar sind. Letztlich gibt es aber immer Abweichungen zwischen den Testbedingungen beim Hersteller und denen beim Anwender. Beispielsweise sind bei Betriebsmitteln mit hohem Durchsatz oder bei umfangreichen Produktionslinien Testes beim Hersteller oft nicht aussagekräftig genug, wie uns während der Interviews mehrfach versichert wurde.

- *Vorgabe interner Standards*
  Nicht nur große, sondern auch kleinere Unternehmen können effizient interne Standards festlegen und anwenden. Durch die Beschränkung der Wahlmöglichkeiten und die bessere Abstimmung der standardisierten Prozesse oder Komponenten von Betriebsmitteln werden Reibungs- und damit Zeitverluste vermindert. Zusätzlich ist es wesentlich einfacher, sich in einem beschränkten Spektrum an Automatisierungstechnik eigenes Know-how aufzubauen. Standardisierungsmaßnahmen erweisen sich sowohl bei Projektrealisierungen durch den Anwender als auch bei Fremdvergabe als sehr effizient.

- *Aufbau eigener Automatisierungskompetenz*
  Eigenes Know-how im Bereich der Automatisierung verkürzt Planungsprozesse, da Lösungen schneller und effizienter erarbeitet bzw. beurteilt werden können.

- *Vermeidung von Überfunktionalitäten*

Noch immer besteht bei vielen Planern die Neigung zur absoluten Perfektion und „Multifunktionalität" ihrer Lösungen. Die Folge sind unnötig große, zeitaufwendige Planungsaufgaben. Auch sind während der Test- und Implementierungsphase der „überfunktionalen" automatischen Betriebsmittel wesentlich mehr Konfigurationen zu überprüfen bzw. zu berücksichtigen. Kluge Planer halten sich vielmehr an die „80/20-Regel": Mit 20% des Aufwandes sollte versucht werden, 80% des gewünschten Ergebnisses zu erzielen. Nicht jeder im späteren Betrieb denkbare Sonderfall muß bis ins Detail durchdacht oder automatisch erkannt und abgefangen werden.

Erfolgsfaktor 3:
Verwendung beherrschter, automatisierungsgerechter Produkte und Prozesse

Beim Erfolgsfaktor 3 geht es um zweierlei Betrachtungsgegenstände: Einerseits steht das Ausmaß, in dem Unternehmen automatisierungsgerecht gestaltete Produkte und Prozesse verwenden, im Mittelpunkt des Interesses. Andererseits muß die Art und Weise, wie in den Unternehmen mit dem Thema „Eignung für eine Automatisierung" umgegangen wird, genauer hinterfragt werden. Wichtige Ausprägungen dieses Erfolgsfaktors sind:

- Forderung nach stabilen Prozessen als Voraussetzung für die Automatisierung,
- Prozesse oder Produkte, die während des Projektes automatisierungsgerecht gestaltet werden müssen,
- Vorarbeiten zur automatischen Herstellung von Produkten,
- Risikobereitschaft bei unbekannten Prozessen oder neuen Produkten und
- verwendete Methoden zur automatisierungsgerechten Gestaltung von Produkten oder Prozessen.

Die Bedeutung dieses Erfolgsfaktors wird von den Unternehmen als groß eingeschätzt (vgl. hierzu die Gewichtung von 6,4 in Abb. 5.1).

Mit Beginn des Produktionsbetriebs müssen die automatisch auszuführenden Prozesse stabil „laufen". Die Frage ist jedoch, wie und wann stabile Prozesse erreicht werden. Hier gibt es kein einheitliches Vorgehen. Manche Unternehmen gehen grundsätzlich nur dann Automatisierungsprojekte an, wenn im vorhinein alle Fragen geklärt sind: Das Produkt ist automatisierungsgerecht gestaltet und die Prozesse sind möglichst vereinfacht und stabilisiert worden.

Dieser „klassische" Weg aus dem Lehrbuch der Automatisierungstechnik ist leider für viele Unternehmen nicht gangbar. So mancher Prozeß kann, ohne das automatische Betriebsmittel bereits im Vorfeld zu kennen, a priori überhaupt nicht stabil und damit reproduzierbar gestaltet werden. Viele Prozeßparameter sind beispielsweise vom Labormaßstab in die Serien- oder Massenproduktion nicht übertragbar. Teilweise hängen sie auch direkt von den konstruktiven Merkmalen des Betriebsmittels ab. Typischerweise treffen diese Sachverhalte auf verfahrenstechnische Prozesse wie beispielsweise Beschichten oder manche Urformprozesse (Gießen) zu.

Den betroffenen Unternehmen bleibt dann nichts anderes übrig, als das Projekt mit unsicheren Prozessen zu starten. In einem iterativen Vorgehen sind Prozesse und Betriebsmittel nahezu zeitgleich zu planen und zu realisieren. Als Folge hiervon lassen sich ausführliche Testphasen oder größere Änderungen an Prozessen oder Betriebsmitteln während des Produktionsbetriebs nicht immer vermeiden. Typischerweise sind es nicht die zentralen Komponenten automatischer Betriebsmittel, an denen Änderungen vorzunehmen sind, sondern die Peripheriesysteme, wie Zuführeinrichtungen, Pumpen, Sensoren oder Greifer.

Manche Unternehmen wollen in Projekten dadurch Zeit sparen, daß sie darauf verzichten, Prozesse oder Produkte im Vorfeld eines Projektes automatisierungsgerecht zu gestalten. Dies bewirkt allerdings oft genau das Gegenteil: Spätestens während der Inbetriebnahme der automatischen Betriebsmittel gibt es dann erhebliche zeitliche Verzögerungen. Beispielsweise, weil man die möglichen Probleme mit instabilen Prozessen usw. schlicht unterschätzt hat.

Die Problematik, die entstehen kann, wenn mit nicht automatisierungsgerechten und stabilen Prozessen ein Projekt begonnen wird, zeigt das folgende Beispiel.

Bei einem Möbelhersteller sollte eine vollautomatische flexible Roboterzelle zum Abbeizen von Kleinmöbeln eingesetzt werden. Als mit der Roboterzelle erste Tests durchgeführt worden waren, zeigte sich, daß das bisher für das manuelle Abbeizen verwendete Beizmittel für die automatische Verarbeitung ungeeignet war. Die Beizergebnisse waren sehr ungleichmäßig und nicht sicher reproduzierbar. Der Möbelhersteller fand schließlich nach längerer Suche ein Beizmittel mit passenden Verarbeitungseigenschaften. Zum Erstaunen des Pumpenherstellers harmonierte dieses jedoch nicht mit der bereits in der Roboterzelle installierten Pumpe. Der Möbelhersteller machte sich schließlich selbst auf die Suche nach einer brauchbaren Pumpe. Erst nach hartnäckigen Entwicklungsarbeiten an der neu beschafften Pumpe und Modifikationen an weiteren Baugruppen arbeitete die Roboterzelle wunschgemäß.

Ob ein Automatisierungsprojekt mit stabilen oder instabilen Prozessen gestartet wird, hängt teilweise auch von der Philosophie der verantwortlichen Manager oder gar des gesamten Unternehmens ab. Es gibt Unternehmen, die bewußt versuchen, instabile oder schlecht beherrschbare Prozesse zu automatisieren. Es wird als ein wichtiger Wettbewerbsvorteil angesehen, wenn in der eigenen Produktion Prozesse automatisiert sind, welche die Konkurrenz kaum oder gar nicht beherrscht. Bei einem führenden Automobilzulieferer betrifft dies beispielsweise das Schweißen und die Qualitätskontrolle von Teilen aus Aluminiumlegierungen.

Egal, wie das Unternehmen seine Prozesse automatisiert: Die Bedeutung der Mitarbeiter für einen reibungslosen Produktionsablauf und eine konstante, hohe Qualität wurde von den Gesprächspartnern immer wieder betont. Konstante Prozesse mit engen Toleranzen sind nur dann auf Dauer erzielbar, wenn die beteiligten Mitarbeiter über eine gute bis sehr gute Qualifikation für ihren Verantwortungsbereich sowie eine hohe Motivation verfügen.

In welchem Ausmaß Unternehmen bei Automatisierungsprojekten bisher manuell ausgeführte Prozesse ohne und mit Änderungen weiter verwenden können oder inwieweit neue Prozesse entwickelt werden müssen, zeigt Abb. 5.5.

Nur ein knappes Viertel aller Prozesse kann ohne Änderungen automatisiert werden. In einem guten Drittel aller Fälle sind dagegen

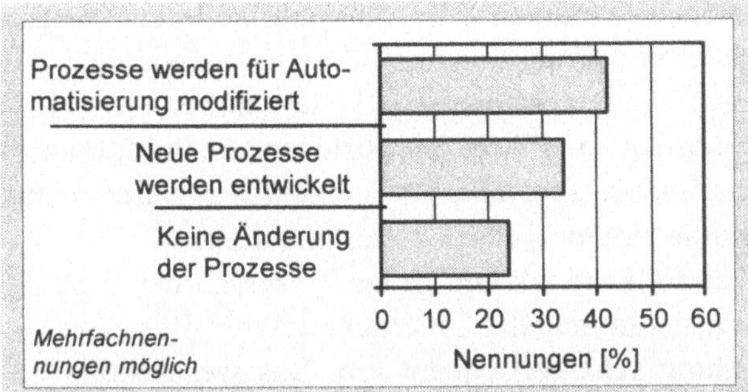

Abb. 5.5. Einfluß der Automatisierung auf die vorhandenen Produktionsprozesse

Prozesse neu zu entwickeln, und bei über 40% sind sie zu
modifizieren.

Bei den 34% neu zu entwickelnden und einem Großteil der zu än-
dernden Prozesse sind vor dem Start des eigentlichen Automatisierungsprojektes Vorarbeiten notwendig. Allen Unternehmen ist allerdings klar, daß es hier Grenzen gibt, die sehr unterschiedlich verlau-
fen können. Die erreichbare Vereinfachung von Prozessen und die erzielbare Stabilität ist oft vorherbestimmt. Bei verfahrenstechnischen
Prozessen (Erschmelzen von Glas usw.) wird man häufig mit größeren Prozeßschwankungen rechnen müssen als beispielsweise bei ferti-
gungstechnischen Prozessen (z. B. Drehen).

Bei den Produkten, die zukünftig automatisch hergestellt werden
sollen, fällt auf, daß diese nicht dieselbe Aufmerksamkeit genießen,
wie die Prozesse. Ein bestehendes Produkt wird vor Beginn eines
Automatisierungsprojektes nur selten systematisch auf sein „Design
for automation" überprüft. Immer wieder kommt es deshalb zu uner-
wünschten Effekten.

Ein Hersteller von Klimaanlagen stellte nach der Installation einer
automatischen Schweißstation fest, daß sich das Produkt nicht sicher
schweißen ließ. Erst nach Änderungen von Teilegeometrien, Wand-
stärken und Toleranzen gelang es, den Schweißprozeß reproduzierbar
auszuführen. Die Abhängigkeiten vom Produkt, teilweise auch von
der Branche, sind groß. Komplexere und teure Produkte werden an-

ders behandelt als einfache Produkte. Ein Automobilzulieferer reagiert bei einem Automatisierungsprojekt anders, als ein überwiegend Bleche in mittleren Losgrößen verarbeitendes Unternehmen. Nur 15 % der untersuchten Unternehmen führen an bestehenden Produkten im Vorfeld von Automatisierungsprojekten systematische Untersuchungen zur Eignung für eine automatische Herstellung durch.

Um die Risiken bei der Entwicklung neuer Prozesse oder Produkte zu minimieren, strukturieren manche Unternehmen ihre Bereiche Forschung und Entwicklung sehr konsequent um. Das wesentliche Element einer Reorganisation kann eine *explizite Trennung der Produkt-/ Prozeßentwicklung* in vollständige Neuentwicklungen und in die Entwicklung neuer Produkte aus weitgehend bekannten Komponenten mit bekannten Prozessen sein. Die Unternehmen erhoffen sich dadurch eine Minimierung des Entwicklungsrisikos und der Entwicklungszeit.

Ein innovativer Hersteller von Dosiergeräten geht nach dieser Entwicklungsphilosophie vor. Neue Spritzgießprozesse und Fügeprozesse werden unabhängig von einem neuen Produkt vorentwickelt und in Pilotanlagen optimiert. Erst danach werden Projekte zur Entwicklung eines neuen Produktes und der erforderlichen automatischen Betriebsmittel gestartet.

Wie bereits angedeutet, ist die Risikobereitschaft, mit instabilen Prozessen Automatisierungsprojekte zu starten, bei den Unternehmen sehr unterschiedlich ausgeprägt. Unternehmen mit großer Prozeßkompetenz sind meistens bereit und in der Lage, mit instabilen Prozessen ein Projekt zu beginnen oder automatisierungsgerechte Prozesse neu zu entwickeln. Die damit verbundenen Unwägbarkeiten werden in Kauf genommen. Was zählt, ist das Know-how der eigenen Mitarbeiter und die Chance, sich am Markt von Mitbewerbern abzusetzen.

Droht ein Projekt „aus dem Ruder zu laufen", so können sich sehr viele Unternehmen auf außergewöhnlich engagierte Mitarbeiter verlassen. Bei den Untersuchungen ist uns von wahren „Kraftakten" berichtet worden. Mit enormer Beharrlichkeit und großem Innovationsgeist werden oft Probleme gelöst, die eigentlich Sache des Betriebsmittellieferanten gewesen wären. Dies reicht bis zu massiven Änderungen an Peripheriesystemen, wie z. B. Filter oder Spritzpistolen.

Unternehmen, bei denen die Liefertreue ihrer Produkte von zentraler Bedeutung ist, tendieren eher dazu, nur Prozesse und Produkte für ein Automatisierungsprojekt auszuwählen, die von Anfang an stabil bzw. automatisierungsgerecht sind. Ansonsten werden die Produkte weiterhin manuell oder niedrig automatisiert hergestellt.

Der Bedeutung des Erfolgsfaktors *Verwendung beherrschter, automatisierungsgerechter Produkte und Prozesse* entsprechend wurde ferner untersucht, ob die Arbeiten zur automatisierungsgerechten Gestaltung von Produkten und Prozessen systematisch mit Unterstützung durch Methoden und Planungshilfsmittel betrieben werden. In der Praxis zeigt sich jedoch auch hier ein bekanntes Phänomen: Planungshilfsmittel werden in den Unternehmen so gut wie nie eingesetzt. Die wesentlichen Ursachen für diese Zurückhaltung sind das zu geringe Wissen über das Spektrum und den Nutzen der verfügbaren Hilfsmittel sowie ihre mangelnde Praxistauglichkeit.

Erfolgsfaktor 4:
Internes Know-how über Automatisierung

Der Erfolgsfaktor 4 beschreibt den Einfluß von unternehmensinternem Automatisierungsknow-how auf ein Projekt. Im Mittelpunkt stehen hier:

- Gründe für den Aufbau eines eigenen Automatisierungsknow-hows,
- Maßnahmen zum Aufbau eines eigenen Automatisierungsknow-hows,
- betroffene Abteilungen beim Aufbau eines eigenen Automatisierungsknow-hows,
- Umfang des eigenen Automatisierungsknow-hows und Kenntnis des Standes der Technik sowie
- Schwerpunkte der Know-how-Bildung bei den Anwendern von Automatisierungstechnik.

Die Bedeutung dieses Erfolgsfaktors wird von den Unternehmen als groß eingeschätzt (vgl. hierzu die Gewichtung von 6,1 in Abb. 5.1). Allerdings ist die Haltung gegenüber diesem Erfolgsfaktor sehr unterschiedlich und hängt stark vom Bezug der Führungskräfte zur Technik ab. Führungskräfte mit nicht-technischem Erfahrungshintergrund schätzen die Bedeutung dieses Erfolgsfaktors eher gering ein. Verfügen die Führungskräfte dagegen über eine technische Ausbildung oder waren sie zumindest früher in technischen Bereichen tätig, so werden Bemühungen zum Ausbau internen Automatisierungsknow-hows wesentlich stärker unterstützt.

Die Vorteile innerbetrieblichen Automatisierungsknow-hows sind den produzierenden Unternehmen sehr bewußt. In auffälligem Kontrast hierzu stehen jedoch die Klagen des mittleren Managements in etwa drei Viertel aller Unternehmen über empfindliche Know-how-Verluste durch den Abbau von Mitarbeitern innerhalb der letzten drei Jahre.

Als wichtigste Gründe für den Aufbau von eigenem Automatisierungsknow-how werden genannt:

- Zielgerichteter Einsatz von Automatisierungstechnik durch die Kenntnis des Standes der Technik,
- Schaffen der Voraussetzungen, um automatische Betriebsmittel im eigenen Unternehmen konstruieren und/oder bauen zu können,
- Erarbeiten einer überdurchschnittlichen eigenen Instandhaltungskompetenz,
- Verkürzung der internen Reaktionszeiten bei technischen Problemen, neuen Projektideen usw.,
- Vergrößerung der internen Flexibilität, beispielsweise in der Wahl technischer Lösungen,
- fundierte Bewertung und Auswahl von Lieferanten für Automatisierungstechnik,
- effizientere Planung, die stärker auf das eigene Unternehmen zugeschnitten ist und eine bessere Nutzung und Kontrolle eigener Ressourcen wie Betriebsmittelbau ermöglicht,
- fundiertere Erstellung von Lasten-/Pflichtenheften sowie
- erhöhter Schutz vor Konkurrenz, um den Know-how-Abfluß über externe Automatisierungsunternehmen zu minimieren.

Um das erforderliche Automatisierungsknow-how aufzubauen, verfolgen die Unternehmen mehrere Wege. Nur selten, bei weniger als 10 % der Unternehmen, wird der ideale Weg beschritten. Dieser ermöglicht es, entgegen dem aktuellen Trend, durch gezieltes Einstellen von fachlich besonders qualifizierten Mitarbeitern, die Entwicklungs- und Konstruktionsabteilungen zu stärken. Einzelne Unternehmen leisten sich sogar den Luxus, diese Abteilungen „überzudimensionieren", um besonders kompetent und leistungsfähig zu sein. Die im Vergleich zur Konkurrenz teureren Entwicklungs- und Konstruktionsabteilungen zahlen sich trotzdem aus: Bei einer Betrachtung der Gesamtkosten über den Lebenszyklus der automatischen Betriebsmittel lassen sich

- kürzere Projektlaufzeiten (und damit ein schnellerer Rückfluß der Investitionsmittel),
- geringere Änderungskosten an Betriebsmitteln oder Produkten,
- kürzere Anlaufphasen der Betriebsmittel (d.h. mit dem Produkt wird früher Umsatz erzielt) und
- stabilere Prozesse (höhere Produktivität und Produktqualität)

erzielen.

Kann dieser Weg nicht eingeschlagen werden, so umgehen immer mehr Führungskräfte der ersten und zweiten Hierarchieebene die Verkleinerung von Entwicklungs- und Konstruktionsabteilungen durch einen Kunstgriff. Weil die Notwendigkeit für effiziente Instandhaltungsmaßnahmen im Unternehmen in den unterschiedlichsten Abteilungen und Hierarchieebenen akzeptiert wird, werden mittlerweile in 10 % der Unternehmen die Instandhaltungsabteilungen vergrößert. Auf diese Weise erhält das Unternehmen erneut Automatisierungs-know-how, das durch den starken Personalabbau in den Entwicklungs- und Konstruktionsabteilungen vorher verloren gegangen war.

Zwar gaben viele Unternehmen ihren Betriebsmittelbau auf oder verkleinerten ihn zumindest drastisch. Dennoch wurde einigen von ihnen klar, daß es ohne Hardwarekompetenz kaum geht. Als Kompromiß behielt man jedoch zumindest den Werkzeugbau bei, da er ein wichtiges Bindeglied zu den Produktionsprozessen darstellt.

Ein eindeutiger Trend ist auch, Mitarbeiter unterer Hierarchieebenen im Vorfeld oder zumindest zu Beginn eines Automatisierungsprojektes einzubinden. Dies betrifft in erster Linie die technischen Abteilungen, vor allem aber die späteren Anwender der Technik in der Produktion. Die betroffenen Mitarbeiter können auf diese Weise ihr Know-how, das häufig durchaus vorhanden ist, zum Wohl des eigenen Unternehmens einbringen. Zusätzlich lernen die Mitarbeiter bei diesen Projekten durch Schulungen und die Entwicklungs- und Erprobungsarbeiten an den automatischen Betriebsmitteln ständig hinzu und vergrößern so wiederum ihr eigenes Wissen.

Einige Hersteller von Automatisierungstechnik reagierten bereits auf diese Entwicklung. Sie bieten spezielle Hausmessen nur für Mitarbeiter (samt ihren Familien) aus den Produktionsbereichen von Unternehmen an. Solche Mitarbeiter sind den Automatisierungstechnik-Herstellern äußerst willkommen, denn beide Seiten profitieren von dieser Art der Kommunikation. Die Hersteller von Automatisierungstechnik lernen die Wünsche ihrer „Endkunden" viel besser kennen und betreiben gleichzeitig Akquisition, da – wie beschrieben – der Einfluß von Produktionsmitarbeitern auf die Auswahl von Betriebsmitteln ständig wächst. Die Produktionsmitarbeiter dagegen lernen Stärken und Schwächen von automatischen Betriebsmitteln wesentlich früher und genauer kennen, so daß sich später Enttäuschungen eher vermeiden lassen. Werden bestimmte Betriebsmittel letztendlich beschafft, so ist eine weitere Folge von Hausmessen eine engere Bindung zwischen Anwendern und Lieferanten. „Man kennt sich" teilweise schon von den Hausmessen, und es gibt weniger Hemmungen, miteinander zu kommunizieren. Mit Einverständnis und Förderung ihrer jeweiligen Vorgesetzten kommt es zwischen Produktionsmitarbeitern und beispielsweise dem Servicepersonal des Herstellers von Automatisierungstechnik zunehmend zu direkten Arbeitskontakten, z. B. bei Instandhaltungsfällen.

Andere Maßnahmen zum Aufbau unternehmensinternen Knowhows werden eher sporadisch ergriffen. Am häufigsten sind noch projektbezogene Schulungen, wie z. B. die Bedienung von Betriebsmitteln, oder Weiterbildungsmaßnahmen sowie Messebesuche. Es ist dort aber kaum möglich, daß sich die Mitarbeiter vertieft mit dem aktuellen Stand der Technik auseinandersetzen können. Zudem ist es meist das obere und mittlere Management, das Messebesuche wahrnimmt. Nur sehr zögernd erhalten Mitarbeiter unterer Hierarchieebenen die Genehmigung für Messebesuche.

Eine Einschätzung des Automatisierungsknow-hows bei den Anwendern zeigt Abb. 5.6. Es wird deutlich, daß das Wissen über die Automatisierung der Produktion einen hohen Stand erreicht hat. Etwas mehr als die Hälfte der Anwender (56%) von Automatisierungstech-

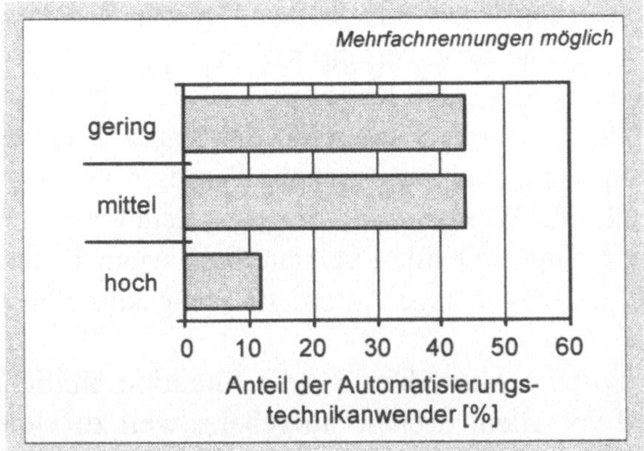

Abb. 5.6. Verteilung von Know-how über Automatisierungstechnik, bezogen auf die jeweils wichtigsten Prozesse, bei den Anwendern (Einschätzung der Autoren)

nik verfügt nach unserer Einschätzung über ein Know-how in Automatisierung, das als mittel bis hoch bezeichnet werden kann. Dies gilt zumindest für diejenigen Automatisierungsaktivitäten, die zur Herstellung der eigenen Produkte auf jeden Fall erforderlich sind. Nach eigener Einschätzung sehen jedoch nur 25 % der Unternehmen Automatisierung als einen Bereich an, in dem sie über eine große Kompetenz verfügen. Diese Diskrepanz rührt offensichtlich von einer Unterschätzung des eigenen Wissens her, das im Vergleich zur vorhandenen Produktkompetenz nicht so umfassend zu sein scheint. Zudem wird durch die hohe Priorität des Produktknow-hows das vorhandene Wissen um Automatisierung als nicht wesentlich angesehen. Unternehmen mit mittlerem bis hohem Automatisierungsknow-how sind in der Lage, sowohl selbst ausreichend konkrete Ideen zur automatischen Produktion zu entwickeln als auch die Projektarbeit der Automatisierungstechnik-Hersteller mit ausreichendem Sachverstand zu begleiten.

Die übrigen 44 % der Anwender von Automatisierungstechnik verfügen über ein geringes Automatisierungsknow-how und sind stark von externen Partnern abhängig. Sofern es sich um Automatisierungsprojekte aus dem Bereich des Materialflusses handelt, wird diese Abhängigkeit als nicht übermäßig kritisch eingestuft.

Ein internes Automatisierungsknow-how bauen Unternehmen vor allem dann auf, wenn chemische bzw. verfahrenstechnische Prozesse eine wichtige Rolle spielen. Das eigene Know-how ist deshalb erforderlich, weil Prozesse häufig so spezifisch sind, daß kaum externes Wissen zugekauft werden kann, und weil manche Prozesse von entscheidender Bedeutung für den Wettbewerbsvorsprung gegenüber der Konkurrenz sind. Es ist deshalb nur allzu verständlich, wenn Unternehmen das Prozeß- und das zugehörige Automatisierungsknow-how nicht nach außen geben wollen.

Bei Steuerungs- und Softwareknow-how ist die Situation ähnlich. Eigenes Know-how wird vor allem deshalb aufgebaut, weil zu viele Unternehmen erleben mußten, daß kleine Lieferanten von Steuerungen oder Software in Konkurs gingen, und weitere Serviceleistungen dann nicht mehr möglich waren. Hinzu kommt, daß immer weniger Zeit vorhanden ist, um auf externes Servicepersonal zu warten, da Produktionsstillstände sich ständig verteuern.

Erfolgsfaktor 5:
Realistisches Lasten-/Pflichtenheft

Beim Erfolgsfaktor 5 geht es um den Einfluß des Lasten- bzw. Pflichtenheftes auf den Projekterfolg. Besonders wichtig sind:
- Rolle des Lasten-/Pflichtenheftes in den Unternehmen,
- Verantwortliche für die Lasten-/Pflichtenhefterstellung,
- Strategien zur Lasten-/Pflichtenhefterstellung,
- Existenz von Technologiestandards,
- schwer zu spezifizierende Bereiche,
- Einfluß des Automatisierungstechnik-Lieferanten und
- Umsetzbarkeit des Lasten-/Pflichtenheftes.

Der Einfluß des Erfolgsfaktors wird von den befragten Unternehmen als mittelmäßig eingeschätzt (vgl. hierzu die Gewichtung von 5,1 in Abb. 5.1).

Aus den Unternehmensbesuchen ergaben sich zwei überraschende Erkenntnisse. Zum einen kennen sehr viele Unternehmen den Unterschied zwischen Lasten- und Pflichtenheft nicht genau. Zum anderen hängen die Bedeutung des Themas „Lasten- oder Pflichtenheft" sowie die Erwartungshaltung an die Automatisierungstechnik stark vom Technologieniveau der Unternehmen oder den vorhandenen Erfahrungen ab.

Trotz der Bedeutung dieses Erfolgsfaktors ist das Lasten- oder Pflichtenheft für die meisten Befragten kein besonders im Vordergrund stehendes Thema. Wie erklärt sich diese Diskrepanz? Die Bedeutung des Lasten-/Pflichtenheftes ist für die meisten Unternehmen inzwischen so selbstverständlich, daß hierüber nicht mehr besonders nachgedacht werden muß. Dies zeigt die Aussage des Leiters einer Forschungs- und Entwicklungsabteilung: *„Lasten- oder Pflichtenhefte macht man einfach, man braucht darüber gar nicht mehr groß zu diskutieren."*

In der Regel ist im jeweiligen Unternehmen den betroffenen Mitarbeitern „in Fleisch und Blut" übergegangen, auf was man bei einem neuen Projekt zu achten hat. Oft genug liegen bereits einschlägige Erfahrungen mit Automatisierungstechnik vor. Hinzu kommt, daß bei ähnlichen Projekten einmal erstellte Lasten- oder Pflichtenhefte immer wieder, ohne wesentliche Änderungen, verwendbar sind.

Trotz allem ist es doch bemerkenswert, wie ungleich immer noch die Bedeutung von Lasten-/Pflichtenheften für die herzustellenden Produkte auf der einen Seite und die Produktionstechnik auf der anderen Seite gesehen wird. Das Produkt und dessen genaue Definition stehen eindeutig im Vordergrund. Bei der Planung von Betriebsmitteln zeigte sich uns in einigen Fällen eine gewisse „Lässigkeit" im Umgang mit dem Lasten-/Pflichtenheft. Manche technischen Eigenschaften werden nur ungefähr definiert oder der Wahl des Lieferanten überlassen.

Bei der Produktionstechnik ist die Aufteilung der Verantwortung für die Ausarbeitung des Lasten-/Pflichtenheftes zwischen Kunden („Anwender") und Lieferanten durchaus üblich. Zusätzlich erweitern die Anwender von Automatisierungstechnik den Kreis der beteiligten Mitarbeiter immer mehr. Neben Vertretern der Abteilungen Forschung und Entwicklung sowie Konstruktion werden zunehmend die direkt betroffenen Mitarbeiter aus der Produktion miteingebunden.

Im Umgang mit der Erstellung des Lasten- oder Pflichtenheftes für Automatisierungstechnik konnten bei den Anwendern drei Strategien ermittelt werden:

- *Vorgabe eines rudimentären Lasten-/Pflichtenheftes*
  Der Anwender beschränkt sich auf die Vorgabe grundlegender Anforderungen und Randbedingungen. Alles weitere ist Sache des Lieferanten.
- *Vorgabe eines realistischen Lasten-/Pflichtenheftes*
  Der Anwender hat i. d. R. einschlägige Erfahrungen mit Automatisierungstechnik gesammelt. Er glaubt, den Stand der Technik zu kennen und arbeitet einen Vorschlag aus, der sich beim Lieferanten ohne größere Probleme umsetzen lassen müßte.
- *Vorgabe eines visionären und ambitiösen Lasten-/Pflichtenheftes*
  Es wird versucht, das „Maximale" zu fordern, um zu möglichst innovativen und vorteilhaften Lösungen zu kommen. Zwei Gruppen von Anwendern verfolgen diese Strategie. Zum einen versuchen Anwender mit großer, eigener Kompetenz bei Automatisierungstechnik ganz bewußt, die Grenzen des technisch Machbaren immer weiter hinaus zu schieben. Es wird allerdings auch erwartet, daß die angesprochenen Lieferanten sich über die Vorgaben intensiv Gedanken machen. Gegebenenfalls sind Vorschläge zu unterbreiten, was nicht machbar ist und auf eine andere Art und Weise gelöst werden muß. Zum anderen entstehen ambitiöse Lasten-/ Pflichtenhefte auch dann, wenn der Anwender sich im Gebiet der Automatisierung kaum auskennt: Einerseits aufgrund eines zu geringen Wissens über den Stand der Automatisierungstechnik und ihre Möglichkeiten, andererseits aus einem Mangel an eigenen praktischen Erfahrungen.

Mit Hilfe der Einführung von Betriebsmittelstandards versuchen nur wenige Unternehmen, ihren internen Aufwand für Planung, Betrieb und Instandhaltung zu minimieren. Wenn in Lasten-/Pflichtenheften Vorgaben gemacht werden, so betrifft dies vorzugsweise Schnittstellen und die Steuerungstechnik, da hier Kompatibilitätsprobleme am ehesten wahrgenommen werden.

Vor allem die Steuerungstechnik und die Software gelten unter den Entwicklern als besonders schwer zu „fassende" und damit zu spezifizierende Technologiegebiete. Es ist sicher kein Zufall, daß später, beim Betrieb der Betriebsmittel, genau auf diesen Gebieten mit die meisten Probleme auftreten.

Wie die Strategien zur Erstellung von Lasten-/Pflichtenheften deutlich machen, ist der Lieferant von Automatisierungstechnik nahezu immer beteiligt. Letztlich nutzen die meisten Anwender von Automatisierungstechnik das Know-how der Lieferanten vorzugsweise bereits in der Planungsphase eines automatischen Betriebsmittels. Dies geht sogar soweit, daß konstruktiv-kritische und kreative Lieferanten gezielt gesucht werden. Die Anwender von Automatisierungstechnik sehen in diesem Zusammenhang die Lieferanten in der Pflicht, selbständig realistische von unrealistischen Vorgaben zu trennen und trotzdem bestmögliche Ergebnisse zu erreichen.

Ein Vergleich der Erfahrungen während und nach der Realisierung automatischer Betriebsmittel zeigt fast immer deutliche Unterschiede zwischen Konzept und realisierter Lösung. Dies gilt als typisch und völlig „normal". Gründe für die Abweichungen vom Lasten- oder Pflichtenheft gibt es einige:

- der geringe Detaillierungsgrad einer Planung erschwert ganz allgemein die Vorhersage aller möglichen Komplikationen (nicht alles ist planbar),
- die Kompatibilität mit anderen Betriebsmitteln ist schlechter als angenommen oder
- die Leistungsfähigkeit von Komponenten ist geringer als angenommen (häufig treten mit Peripheriesystemen Probleme auf).

Fast 25 % der Unternehmen mußten lernen, daß mit Automatisierungstechnik so manches eben *nicht* wirtschaftlich oder funktionssicher machbar ist. Die „eierlegende Wollmilchsau" läßt sich in aller Regel nicht erreichen. Deshalb neigt mittlerweile der überwiegende Teil der Unternehmen dazu, von „Superlösungen" Abstand zu nehmen. Und zwar spätestens dann, wenn der Betriebsmittellieferant massive Bedenken anmeldet. Einigen Planern fällt es besonders leicht, „realistisch" zu bleiben, wie sie uns gegenüber betonten: Sie hätten bereits in den 80er Jahren während der CIM-Ära einschlägige Erfahrungen mit zu ambitiösen Entwicklungsvorhaben gesammelt.

Ein Verarbeiter von Glas leidet bis heute unter einer Fehlentscheidung, die im Überschwang der CIM-Ära getroffen wurde. Obwohl man nur wenige, ortsfeste Betriebsmittel mit langen Taktzeiten hatte, die in den Materialfluß einzubinden waren, entschied sich der Glas-

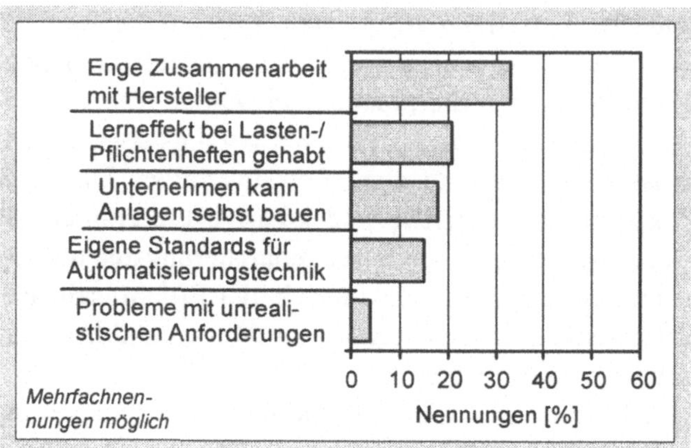

Abb. 5.7. Ausgewählte Aspekte zum Erstellen von Lasten- und Pflichtenheften bei Anwendern von Automatisierungstechnik

verarbeiter in den 80er Jahren für fahrerlose Transportsysteme (FTS). Objektiv gesehen bestand für eine Lösung mit FTS gar keine Notwendigkeit. Darüber hinaus waren diese Transportsysteme zur damaligen Zeit noch nicht ausgereift. Deshalb treten bei den FTS bis heute laufend Probleme auf. Von Anfang an blieben die FTS überdurchschnittlich häufig stehen. Zusätzlich gibt es ernste Schnittstellenprobleme zu der vorhandenen Rechnerinfrastruktur. Doch der Glasverarbeiter muß mit den damals beschafften FTS auskommen, obwohl diese nach wie vor sehr unzuverlässig arbeiten und ihre Steuerungen mittlerweile völlig veraltet sind. Der Ersatz der FTS durch einen Hängeförderer wurde zwar oft erwogen, aber wegen des enormen Umbauaufwands immer wieder verworfen.

Abbildung 5.7 zeigt Erfahrungen der untersuchten Unternehmen mit ausgewählten Aspekten zum Thema „Lasten-/Pflichtenheft". Zwei Aspekte sind besonders auffällig:

- Ein Drittel der Anwender von Automatisierungstechnik arbeitet grundsätzlich eng mit Lieferanten zusammen.

- Nur 15 % aller Anwender verfügen in nennenswertem Umfang über eigene Standards für Automatisierungstechnik und sind in der Lage, diese den Herstellern vorzugeben.

Erfolgsfaktor 6:
Gezielte Prozeß-/Betriebsmittelinnovationen

Schwerpunkte des Erfolgsfaktors 6 sind das Ausmaß an Innovationen sowie die Art und Weise, wie mit dem Thema „Innovationen" umgegangen wird, um die Planung und Realisierung eines Automatisierungsprojektes zu erleichtern oder zu ermöglichen. Die inhaltlichen Schwerpunkte liegen dabei auf den Innovationen bei den Prozessen und der Automatisierungstechnik. Wichtige Ausprägungen dieses Erfolgsfaktors sind:

- Historische Einflüsse auf die Innovationsfreude,
- Innovationsgrad der Produktion,
- Einfluß von Lean management und Lean production auf die Innovationsfreude,
- Abhängigkeit der Innovationsfreude vom Produktspektrum und der Produktionstechnik sowie
- Innovationsstrategien bei der Entwicklung von Automatisierungstechnik.

Die Unternehmen schätzen die Bedeutung dieses Erfolgsfaktors als mittelmäßig ein (vgl. hierzu die Gewichtung von 4,6 in Abb. 5.1). Fast alle Gesprächspartner unterstrichen jedoch die dominante Rolle von Produktinnovationen, die wesentlich wichtiger seien, als Innovationen bei Produktionsprozessen oder Betriebsmitteln.

Wie die Untersuchungen zeigen, leiden um die 10% der untersuchten Unternehmen immer noch an „Mikrotraumen" aus der Zeit der CIM-Ära. Verantwortliche, oder zumindest Beteiligte von damals, sind bis heute geprägt von den damaligen, leider oft enttäuschenden Erfahrungen. Als kritisch gilt bei dieser Personengruppe ein hoher bis sehr hoher Automatisierungsgrad, eine starke datentechnische Vernetzung, eine automatische Materialflußverkettung und das Postulat der deterministischen Planbarkeit von Produktionsprogrammen und Produktionsabläufen.

Als Folge hiervon entsteht eine deutlich gedämpfte Innovationsfreude, die sich beispielsweise im Streben nach einfacheren, niedrig integrierten und automatisierten Betriebsmitteln und längeren Innovationszyklen äußert. Ähnliches gilt auch für einige Verantwortliche, die früher eine möglichst weitgehende Automatisierung der Produktion befürwortet hatten. So manche Automatisierungslösung war damals im „Überschwang" zu kompliziert und damit funktionsunsicher ausgefallen.

Ein Hersteller von Elektrowerkzeugen plante in den 80er Jahren eine neue Montagelinie. Der verantwortliche Technische Leiter war, wie er im Gespräch äußerte, ein *„Automatisierungsfreak"*. Deshalb befürwortete er eine Montagelinie mit einem sehr hohen Automatisierungsgrad. Selbst für extrem komplexe Montageprozesse ließ er automatische Lösungen entwickeln. Nachdem die Montagelinie installiert worden war, zeigte sich sehr schnell, daß ihre Funktionssicherheit durch die weitgehende Automatisierung der Montageprozesse und durch Steuerungsprobleme stark eingeschränkt war. Obwohl hochqualifizierte Mitarbeiter zur Bedienung der Montagelinie eingesetzt wurden, betrug die Verfügbarkeit maximal 60%. Die Folge dieses und noch anderer ähnlicher Projekte aus jener Zeit bewirkt bei dem Elektrowerkzeughersteller bis heute eine deutliche Zurückhaltung bei der Automatisierung der Produktion.

Was die Innovationsfähigkeit angeht, hatte die „Schlankheitswelle", die seit Anfang der 90er Jahre über deutsche Unternehmen schwappte, – logischerweise – auch ihre Schattenseiten. In indirekten Bereichen wie der Forschung und Entwicklung, dem Betriebsmittelbau oder der Instandhaltung wurde nicht nur „ausgedünnt", es gab auch wahre „Kahlschläge". Die verbleibenden Mitarbeiter dieser Bereiche ersticken deshalb fast im Tagesgeschäft und sind entsprechend gering motiviert. Gute Ideen, die früher fast beiläufig entstanden und ausgearbeitet wurden, sind selten geworden.

Das Produktspektrum hat ebenfalls einen großen Einfluß auf die Innovationsfreude bei Betriebsmitteln, speziell bei automatischen Anlagen. Zwei Aspekte ragen hier heraus: Variantenvielfalt und Produktlebenszyklus.

Außer bei ausgesprochenen Massenherstellern ist Variantenvielfalt mittlerweile der typische Fall in produzierenden Unternehmen. Eine große Variantenvielfalt stellt an die Automatisierungstechnik hohe Anforderungen hinsichtlich der Flexibilität der Prozeßabläufe, der Produktgeometrien usw. Diese sind vor dem Hintergrund einer ausreichenden Wirtschaftlichkeit mit auf dem Markt erhältlicher Automatisierungstechnik nicht immer erfüllbar. Die Unternehmen müssen dann entweder auf eine Automatisierung verzichten oder eigene innovative Lösungen entwickeln.

Die sich immer weiter verkürzenden Produktlebenszyklen erschweren Automatisierungslösungen aus *wirtschaftlichen* Gründen. Ein Hersteller von Haushalts- und Reinigungsgeräten würde gerne den Automatisierungsgrad in der Montage erhöhen. Da die Produktlebenszyklen sich zwischen zwei und drei Jahren bewegen, muß eine Amortisationszeit von weniger als zwei Jahren eingehalten werden. Eine sinnvolle Weiterverwendung hochautomatisierter Montageanlagen scheitert an den zu großen Unterschieden zwischen den Nachfolgegenerationen der Produkte und ihren Vorgängern. Wollen Unternehmen in derartigen Fällen dennoch automatisieren, so sind sie zur Entwicklung eigener innovativer Betriebsmittel gezwungen.

Der umgekehrte Fall, daß mit Rücksicht auf eine bereits vorhandene Produktionstechnik bestimmte Produktinnovationen nicht durchgeführt werden, trat in den Untersuchungen nicht auf. Alle Unternehmen betonen die Priorität des Produktes und innovativer Produktideen. Schließlich hängt das Überleben des Unternehmens primär von einem verkäuflichen Produkt ab, so die vorherrschende Meinung der Befragten. Sie betonten, daß allein der Gesamtnutzen für das Unternehmen, i. d. R. vereinfacht anhand der Wirtschaftlichkeit gemessen, der Maßstab für Neuentwicklungen ist.

Inwieweit in einem Unternehmen gezielt Innovationen für Automatisierungsprojekte durchgeführt werden, ist normalerweise ohne weiteres aus dem generellen Technologieniveau der Produktion ableitbar. Auch die Art und Weise, wie Betriebsmittel strukturiert sind und genutzt werden, gibt deutliche Hinweise auf die Innovationsfreude im Unternehmen. Bei den Unternehmensbesuchen zeigte sich eindeutig: Eine sehr gut organisierte und strukturierte, moderne Produktion und die dabei gemachten Erfahrungen sind eine wichtige Grundlage, auch weiterhin mittels Innovationen erfolgreiche Automatisierungsprojekte zu realisieren.

Bei den untersuchten Unternehmen ließen sich drei übergeordnete Innovationsstrategien für Automatisierungstechnik ermitteln. In der Regel dominiert jeweils eine der im folgenden beschriebenen Strategien in einem bestimmten Unternehmen:

- *„Nur-Stand-der-Technik"-Strategie*
  Das Unternehmen bemüht sich zwar, innovative Produkte anzubieten, möchte aber möglichst ohne Innovationen bei Prozessen oder Betriebsmitteln auskommen. Man verspricht sich hiervon geringere Investitionskosten, eine universellere Verwendbarkeit von Betriebsmitteln sowie eine höhere Funktionssicherheit. Sollten Innovationen bei der Automatisierungstechnik unvermeidlich sein, so gehen die Anwender davon aus, daß diese von den Betriebsmittellieferanten entwickelt werden.

- *„Minimale-Innovationen"-Strategie*
  Diese Strategie baut auf der erstgenannten Strategie auf. Das Unternehmen nimmt gegenüber Innovationen eine eher defensive Haltung ein, ist sich jedoch der Notwendigkeit von Innovationen bei der Automatisierungstechnik bewußt. Sofern sie in einem überschaubaren Rahmen bleiben, werden sie positiv gesehen und aktiv verfolgt. Voraussetzung hierfür ist allerdings der Nachweis, daß sich das beabsichtigte Projekt in kurzer Zeit amortisiert.

- *„Gezielte-Innovationen"-Strategie*
  Die Anhänger dieser Strategie gehören zu den innovativen Unternehmen. Ihnen ist klar, daß Produkt-, Produktionsprozeß- *und* Betriebsmittelinnovationen nicht nur „unvermeidlich", sondern besonders wichtig sind, um im Wettbewerb zu bestehen oder überhaupt einen Prozeß automatisch ausführen zu können. Gezielt und im erforderlichen Umfang Innovationen durchzuführen, wird daher als wichtige Chance gesehen und aktiv gefördert.

  Wenige, aber von ihrem Vorgehen äußerst überzeugte Unternehmen führen Innovationen auf einem Gebiet durch, an das kaum ein anderes Unternehmen denkt: Es gibt Projekte, bei denen Automatisierungslösungen, die auf dem Stand der Technik basieren bzw. die direkt auf dem Markt verfügbar sind, aus Kostengründen nicht eingesetzt werden können. In diesen Fällen versuchen die Unternehmen, mit Hilfe eines eigenen leistungsfähigen Betriebsmittelbaus zu billigeren Lösungen zu kommen. Dies ist jedoch nur mit innovativen Ideen und dem Verzicht auf eine zu umfangreiche Funktionalität der Betriebsmittel möglich. Auf diese Weise realisierte Betriebsmittel waren bis zu 75% billiger, als am Markt erhältliche Lösungen.

Erfolgsfaktor 7:
Angepaßte Automatisierungsstrategie

Der Erfolgsfaktor 7 beschreibt die Art und Weise des Umgangs mit Automatisierungstechnik in den Unternehmen. Von besonderer Bedeutung sind in diesem Zusammenhang:

- Einbindung des Themas „Automatisierung" in das Unternehmenszielsystem und in die übergeordnete Unternehmensstrategie,
- Strategien bei der Einführung von Automatisierungstechnik,
- Einbindung von Herstellern oder Lieferanten in ein Automatisierungsprojekt,
- Investitionsplanung bei Automatisierungsprojekten sowie
- Integration von Personal in automatische Produktionssysteme.

Die Unternehmen schätzen diesen Erfolgsfaktor in seiner Bedeutung als gering ein (vgl. hierzu die Gewichtung von 3,5 in Abb. 5.1).

Die Einbindung von „Produktionsautomatisierung" in eine übergeordnete Unternehmensstrategie und in ein Unternehmenszielsystem hängt davon ab, wie stark „Automatisierung" in das Bewußtsein der Führungskräfte eingedrungen ist. Hier besteht eine weitgehende Korrelation mit denjenigen Unternehmen, die als übergeordnetes Ziel der Produktionsautomatisierung den Standorterhalt angeben (vgl. Kap. 4). Es sind vor allem diese 34% der Unternehmen, bei denen „Automatisierung" ein Teil der übergeordneten Unternehmensstrategie und des Unternehmenszielsystems ist.

Hat sich ein Unternehmen dafür entschieden, in der Produktion zu automatisieren, so stellt sich die Frage nach der Vorgehensweise bei der Einführung und Nutzung von Automatisierungstechnik. Abbildung 5.8 zeigt, inwieweit hierfür in den Unternehmen Strategien vorhanden sind.

Nur etwa die Hälfte aller Unternehmen (51%) verfügt über eine oder mehrere klar definierte Strategien, die als Richtschnur für die Automatisierungsprojekte dienen. Die sich daraus ergebenden Vorteile sind *diesen* Unternehmen sehr bewußt: Kostensenkung, Transparenz der Produktion, Mitarbeitermotivation, Lerneffekte usw. wurden uns gegenüber immer wieder hervorgehoben. Um so erstaunlicher ist es, daß nicht mehr Unternehmen die Chancen ergreifen, mit Hilfe

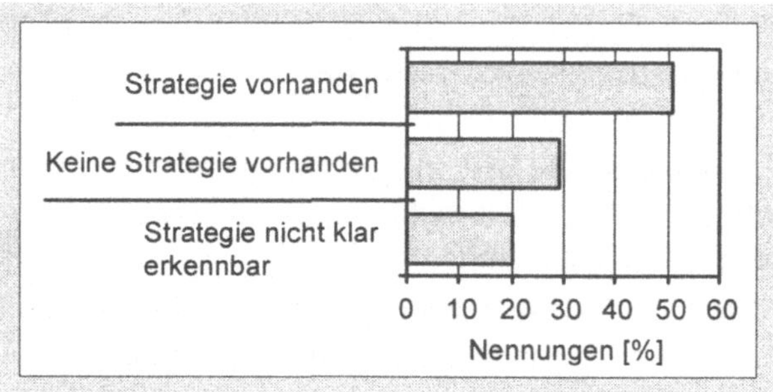

Abb. 5.8. Häufigkeit der Anwendung von Strategien zur Produktionsautomatisierung in den Unternehmen

einer Strategie zur konsequenten Nutzung von Automatisierungstechnik, große Vorteile zu erringen.

Bei 29 % der Unternehmen ist im Zusammenhang mit der Einführung und Nutzung von Automatisierungstechnik keine Strategie erkennbar. Wenn automatisiert wird, geschieht dies nach dem Zufallsprinzip, weil einem Verantwortlichen etwas aufgefallen ist oder ein Mitarbeiter ein „gute" Idee hat. Oft wird auch nach dem „Feuerwehrprinzip" vorgegangen. Gibt es Probleme in der Produktion, weil die Kosten für einen Prozeß zu hoch sind, die Kapazitäten nicht ausreichen oder ein ernstes Sicherheits- oder Qualitätsproblem vorliegt, so denkt man über den Einsatz von Automatisierungstechnik nach. Hierdurch können jedoch zahlreiche neue Probleme entstehen. Das Schaffen neuer Engpässe bei nachfolgenden Produktionsschritten, Inkompatibilitäten zu anderen Betriebsmitteln, Werksteilen oder Standorten, ein erhöhter Implementierungs- und Instandhaltungsaufwand sowie unausgewogene Eingriffe bei Prozessen und Produkten können die unangenehmen Folgen sein.

Die übrigen 20 % der Unternehmen sind keiner der beiden Gruppen zuzuordnen. Einerseits verfolgen die Unternehmen nach eigenen Aussagen keine klar definierte, übergeordnete Strategie, andererseits konnten wir, abhängig von Personen oder Produktionsbereichen, zumindest ansatzweise, eine oder mehrere Strategieelemente erkennen.

Folgende Automatisierungsstrategien wurden in den Unternehmen insgesamt ermittelt:

- *Lokales-Problem-Strategie*
  Der Nutzen von Automatisierungstechnik ist im Unternehmen generell bekannt. Über Automatisierung wird aber nur dann nachgedacht, wenn es in der Produktion ein lokales Problem gibt.

- *Return-on-investment-Strategie*
  Es wird regelmäßig geprüft, an welchen Stellen in der Produktion durch den Einsatz von Automatisierungstechnik die größten Einsparungseffekte zu erzielen sind. Die Automatisierungsprojekte mit dem größten Return on investment (ROI) werden nacheinander angegangen.

- *„Beste-Effekt"-Strategie*
  Basierend auf den Zielen Kostensenkung, Qualitätssteigerung und Ergonomieverbesserung wird ständig versucht, Automatisierung sinnvoll einzusetzen. Der zu automatisierende Prozeß, die technische Komplexität, der spätere Einsatzort der Automatisierungslösung sowie die Dauer eines Automatisierungsprojektes sind dabei erst in zweiter Linie relevant.

- *„Schrittweise-automatisieren"-Strategie*
  Im Rahmen eines mittelfristigen Planungshorizonts wird schrittweise automatisiert. Die Schritte können sich sowohl auf einzelne Prozesse oder Betriebsmittel beziehen als auch auf komplette Produktionslinien. Teilweise folgen die Unternehmen dabei dem innerbetrieblichen Materialfluß („dieses Jahr das Rohwarenlager, danach..."). Einflußfaktoren auf diese Strategie sind u.a. das vorhandene Budget, die Komplexität der Automatisierungstechnik und die Beherrschung der zu automatisierenden Prozesse.

- *„Big-Bang"-Strategie*
  Innerhalb des Betrachtungsbereichs, beispielsweise Montagebereich X, Halle Y oder neuer Produktionsstandort Z wird die komplette Automatisierungstechnik nahezu gleichzeitig geplant und anschließend auch gleichzeitig realisiert. Die Gründe für eine solche Strategie sind vielfältig. Manchmal wird von einer schnellen Beherrschbarkeit der zu implementierenden Automatisierungstechnik ausgegangen, oder es wird eine kurze Projektlaufzeit vorgegeben, die ein schrittweises Vorgehen verhindert. Typisch ist dies für „Grüne-Wiese-Projekte" oder bei völlig unhaltbaren Zuständen in einer bestehenden Produktion. Es gibt allerdings auch Projekte, bei

denen ein schrittweises Vorgehen aus anderen Gründen unmöglich ist. Beispielsweise dann, wenn die Produktlebensdauer sehr kurz ist (unter zwei Jahren).

- *Erweiterungsinvestitions-Strategie*
  Die vorhandene Produktionstechnik wird als ausreichend modern und automatisiert angesehen. Eine neue Automatisierungstechnik dient der Beseitigung von Produktionsengpässen durch die Bereitstellung zusätzlicher Produktionskapazitäten mit minimalem Personalbedarf.

- *Ersatzinvestitions-Strategie*
  Einige Unternehmen wollen den bestehenden Automatisierungsgrad in ihrer Produktion möglichst nicht erhöhen. In ein neues und höher automatisiertes Betriebsmittel wird nur dann investiert, wenn das alte Betriebsmittel nicht mehr repariert werden kann oder nun tatsächlich als veraltet gilt. Oft kommt es dabei zu einer ungewollten Kapazitätserweiterung, weil das neue Betriebsmittel insgesamt über eine höhere Leistungsfähigkeit verfügt.

- *Know-how-Synergie-Strategie*
  Einige wenige Unternehmen lassen sich bei ihren Automatisierungsprojekten vom Streben nach maximalem Gesamtnutzen in Verbindung mit dem größtmöglichen internen Lerneffekt für das Unternehmen leiten. Im Klartext heißt das: Besteht die Auswahl zwischen unterschiedlichen Automatisierungsprojekten, so geht man diejenigen an, die einen guten bis sehr guten Nutzen in der Produktion versprechen, und die es gleichzeitig ermöglichen, internes Automatisierungsknow-how mit dem Know-how des externen Betriebsmittellieferanten zum maximalen Gesamtnutzen zu verknüpfen.

In der Praxis der Unternehmen ist es meist so, daß viele der ermittelten Strategien entweder abwechselnd oder in Kombination angewendet werden. Trotzdem lassen sich den Unternehmen in aller Regel bestimmte Strategien schwerpunktmäßig zuordnen, da die Wahl und das Befolgen einer Strategie stark mit der Kultur des Unternehmens verknüpft sind.

Die Art und Weise der Integration von Automatisierungstechnik-Lieferanten erfolgt bei den Anwendern sehr unterschiedlich, aber immer „bewußt" (vgl. hierzu Kap. 6). Sie wird jedoch weniger als Bestandteil einer Automatisierungsstrategie gesehen, sondern mehr als das Ergebnis spezifischer Unternehmensrandbedingungen und -traditionen. Ist nur eine geringe Engineering-Kapazität im eigenen Hause vorhanden, gehen die Automatisierungstechnik-Anwender früher auf die Lieferanten zu. Die Zusammenarbeit ist in diesem Fall wesentlich enger, aber auch einseitiger, als wenn ein Anwender von Automatisierungstechnik über größere eigene Engineering-Kapazitäten verfügt.

Die Einplanung von Investitionsmitteln für Automatisierungsprojekte erfolgt in den Unternehmen auf zweierlei Arten.

Das Gros der Unternehmen bestimmt üblicherweise immer im Vorjahr das Investitionsbudget für die Produktion. Unterschiedlich wird nur die Detaillierung des Budgets gehandhabt. Pauschale Budgets sind hier ebenso üblich wie eine genaue Aufteilung nach Produktionsbereichen bzw. -prozessen oder eine Aufteilung nach der Art der Betriebsmittel.

Etwa 5 % der Unternehmen schlagen jedoch einen anderen Weg ein. Das Budget für Automatisierungstechnik wird grundsätzlich vorher *nicht* festgelegt (ist selbstverständlich aber nicht völlig unbegrenzt). Die Investitionen erfolgen abhängig vom aktuellen Bedarf und richten sich ausschließlich nach dem durch Automatisierungsprojekte zu erwartenden Nutzen für das Unternehmen. Gibt es in einem Jahr mehr Ansätze für Automatisierungsprojekte als im Vorjahr, wird auch mehr investiert. Schließlich hat jede Investition einen definierten Gesamtnutzen, der jedoch nicht immer monetär bewertet werden muß. Sicher ist es kein Zufall, daß diese Unternehmen zu denjenigen gehören, die besonders erfolgreich sind und Automatisierungsprojekte besonders effizient durchführen.

Ein Hersteller von High-tech-Produkten aus Glas verfolgt beispielsweise diesen Weg. Das Unternehmen ist es gewohnt, in äußerst unregelmäßiger Höhe in die eigene Produktion zu investieren, da bei den teilweise erforderlichen verfahrenstechnischen Betriebsmitteln wie Öfen usw. in unregelmäßiger Folge teure Reparaturen oder alle 10 bis 15 Jahre extrem hohe Ersatzinvestitionen anstehen. Schon seit Jahren hat das Unternehmen die Notwendigkeit erkannt, aus Kosten- und Ergonomiegründen nicht nur die Verfahrens-, sondern auch die Materialflußtechnik zu automatisieren. Geprägt von den schwankenden

Investitionsbedarfen bei den verfahrenstechnischen Betriebsmitteln war es für die Verantwortlichen des Unternehmens relativ einfach, stark schwankende Automatisierungsbudgets auch für Materialflußtechnik zu akzeptieren. Was zählt, ist allein der sicher erzielbare Gesamtnutzen für das Unternehmen.

Die Einstellung von Mitarbeitern gegenüber *Automatisierung* sowie ihre Integration in eine automatisierte Produktion sind weitere wichtige Elemente, die bei einer Automatisierung der Produktion zu beachten sind. Als Ende der 70er Jahre flexible Automatisierung mit Industrierobotern aufkam, beherrschte das Thema „Jobkiller" jahrelang die Medien. Damals bildete sich bei so manchem Verantwortlichen und auch bei vielen Mitarbeitern in der Produktion eine negative Haltung gegenüber Automatisierungstechnik. Interessant war es deshalb zu untersuchen, wie heute die Haltung gegenüber diesem Thema ist. Unsere Erkenntnisse sind hier völlig eindeutig. Die Einstellung der Mitarbeiter in den Unternehmen zum Thema „Automatisierung" ist heutzutage äußerst positiv. Arbeitnehmer und Arbeitgeber legen eine sehr sachliche Haltung an den Tag. Sicher liegt dies auch daran, daß die meisten Unternehmen durch Automatisierung lokal freigesetzte Mitarbeiter für andere Aufgaben im Betrieb einsetzen können und konnten. Außerdem wissen zweifellos auch die Mitarbeiter, wie wichtig Automatisierung für den Fortbestand des Unternehmens, und damit des eigenen Arbeitsplatzes, ist. Aus diesen Gründen sieht es keines der von uns untersuchten Unternehmen als erforderlich an, mit Hilfe zielgerichteter Maßnahmen die Einstellung von Mitarbeitern zu Automatisierungstechnik positiv zu beeinflussen. Die Integration von Mitarbeitern in automatische Systeme ist weitgehend unproblematisch und richtet sich nur nach den projektspezifischen Anforderungen und Randbedingungen.

Erfolgsfaktor 8:
Orientierung an Kunden und an der Konkurrenz

Der Erfolgsfaktor 8 beschreibt den Einfluß von „außen" sowohl auf den Erfolg als auch auf die Art der Automatisierungstechnik in der Produktion. Wichtige Punkte dieses Erfolgsfaktors sind:

- Beeinflussung durch den Kunden (und das Produkt),
- Beeinflussung durch die Konkurrenz,
- Kenntnis über die Produktions- und Automatisierungstechnik der Konkurrenz,
- Informationskanäle über die Produktionsweise der Konkurrenz und
- Anregungen für eigene Projekte durch die Konkurrenz.

Die Bedeutung des Erfolgsfaktors wird von den Unternehmen als gering eingeschätzt (vgl. hierzu die Gewichtung von 3,4 in Abb. 5.1).

Grundsätzlich wirkt der Markt, vor allem der Kunde, auf die Hersteller und ihre Produktions- bzw. Automatisierungstechnik ein. In erster Linie geschieht dies über Kundenanforderungen an die Produkte wie Funktionsumfang, Variantenvielfalt, Innovationsgrad, Qualität und Lieferfristen.

Die Einflüsse betreffen jedoch weniger den Projekterfolg, sondern die Art der Produktionstechnik (technische Lösungsprinzipien, Automatisierungsgrad usw.). In welchem Umfang die Produktionstechnik von „außen" beeinflußbar ist, zeigt folgendes Beispiel.

Die Produkte eines Herstellers aus dem Branchensegment Freizeitindustrie weisen nur noch Lebenszyklen von maximal drei Jahren auf. Nur so können die Produkte an die jeweiligen Trends und die daraus hervorgehenden Käuferwünsche angepaßt werden. Die nachfolgenden Modellgenerationen unterscheiden sich deshalb z.T. erheblich von ihren Vorgängern. Art und Umfang der zu montierenden Einzelteile, ihre Werkstoffe, Größe und Form variieren teilweise so stark, daß hochautomatisierte Montagelinien nur sehr eingeschränkt weiter verwendbar wären und deshalb keine ausreichende Amortisationszeit zu erreichen ist. Hinzu kommen die Stückzahländerungen im Verlauf der Produktlebenszyklen. Automatische Betriebsmittel können daher kaum sinnvoll ausgelastet werden. Die Montage der Produkte erfolgt deshalb auf Produktionsanlagen mit einem niedrigen Automatisierungsgrad.

Was den Einfluß des Kunden angeht, muß zwischen „Weiterverarbeiter" und „Endverbraucher" differenziert werden. Ganz im Gegensatz zum „Endverbraucher" beeinflußt der „Weiterverarbeiter" – eine entsprechende Position am Markt vorausgesetzt – die Produktion seines Zulieferers relativ stark.

Das Verhältnis zwischen Automobilzulieferern und ihren Kunden, den Automobilherstellern, beleuchtet die Situation äußerst plastisch. Mit immer noch steigender Tendenz werden die Zulieferer mit Vorgaben „eingedeckt". Immerhin wird der Arbeitsstil – im Rahmen der Vorgaben – teilweise kooperativer und transparenter.

Ein Automobilzulieferer beispielsweise bewarb sich zusammen mit mehreren etablierten Konkurrenten erstmals als Systemlieferant für ein Gesamtmodul eines neuen Automodells. Ein umfangreiches Lastenheft des Automobilherstellers, in dem selbstverständlich auch der Zielpreis fixiert war, sowie – unausgesprochene – typische Gepflogenheiten der Branche bildeten die Grundlage zur Angebotserstellung über das Gesamtmodul und die erforderliche Produktionstechnik. Kennt man die Gepflogenheiten, so ist zum einen klar, was „zwischen den Zeilen" erwartet wird und zum anderen, welche Punkte im Lastenheft gezielt ignoriert werden müssen, da sie sowieso an der Realität vorbeigehen.

So war es nicht verwunderlich, daß sich die angebotenen Lösungen der etablierten Zulieferer wie ein Ei dem anderen ähnelten. Wesentliche Punkte wie Zahl der Prozeßschritte und Stationen, Durchlaufzeiten, erforderliches Personal, Behandlung von Ausschuß usw. wurden praktisch identisch gelöst. Selbst die Herstellkosten für das Gesamtmodul lagen dicht beieinander. Nur ein Newcomer scherte aus der Phalanx einheitlicher Lösungen aus. Er kannte die Gepflogenheiten, was „man" wie zu lösen hat, damit es vom Auftraggeber akzeptiert wird, nicht. Vermutlich war gerade deshalb die Lösung des Newcomers (automatisierungs-)technisch und organisatorisch am fortschrittlichsten und ermöglichte die mit Abstand geringsten Herstellkosten für das Gesamtmodul.

Allerdings mußte der Newcomer seine Lösung sofort nachbessern: Er hatte keine Behandlung von Sonderfällen vorgesehen, weil diese im Lastenheft nicht aufgelistet worden waren. Als einziger erfüllte der Newcomer dagegen uneingeschränkt alle Spezifikationen des Lastenheftes. Dies hatte aber niemand erwartet. Obwohl er die beste Lösung angeboten hatte, erhielt am Ende nicht der Newcomer, sondern einer der etablierten Konkurrenten den Zuschlag.

Der Grund hierfür war, daß die Entscheidungsfindung beim Automobilhersteller, trotz eines knappen Zeitplans für das Projekt, zu lange gedauert hatte. Angesichts des selbstverschuldeten Zeitdrucks entschied er sich lieber für eine risikolose, weil bewährte, konservative Lösung. Der Automobilhersteller war der Meinung, nur so vor weiteren Verzögerungen seitens der Planung und Implementierung der Montage- und Materialflußtechnik für das neue Gesamtmodul sicher zu sein.

Bewegt sich ein Unternehmen auf einem Käufermarkt, also einem gesättigten, vom Kunden diktierten Markt, so ist der Einfluß auf die Produktionstechnik in der Praxis tatsächlich signifikant größer als in einem Verkäufermarkt. Nur durch harte Rationalisierungsmaßnahmen, die häufig in Automatisierungsprojekten münden, können beispielsweise niedrige Verkaufspreise und konstant hohe Qualität erzielt werden. Ein Verzicht auf Automatisierung würde über kurz oder lang den Konkurs des Unternehmens nach sich ziehen.

Etwa 10 % der Gesprächspartner beklagten sich darüber, daß bei Abweichungen der Verkaufszahlen vom Plan, den Produktionsverantwortlichen eine Mitschuld für die auftretenden Probleme gegeben wird. Die Produktion gilt dann als zu teuer oder als „Engpaß", der so nicht hätte entstehen dürfen. Hintergrund hierfür sind die meist verständlichen Probleme in einer Produktion, wenn Absatzzahlen sich plötzlich halbieren oder verdoppeln. Derartige Schwankungen beeinflussen sowohl in der Planungsphase als auch nach der Realisierung die Produktionstechnik. Besonders gilt dies für die verwendeten automatischen Betriebsmittel, an die durch stark schwankende Produktionsmengen extreme Anforderungen hinsichtlich ihrer Stückzahlflexibilität gestellt werden.

Wie uns in den Unternehmen immer wieder versichert wurde, ist zwar der Einfluß der Konkurrenz auf den Erfolg eines Automatisierungsprojektes eher gering, nicht aber auf die generelle Ideenfindung und Auswahl von Projektideen. Hier beobachten die Unternehmen häufig die Konkurrenz und fragen sich, ob ein Projekt nicht auch im eigenen Hause auf vergleichbare Weise angegangen werden sollte.

Der Einfluß der Konkurrenz ist dann allerdings hoch, wenn es für bestimmte Produktionsschritte nur eine einzige etablierte Lösung gibt oder nur einen oder sehr wenige Betriebsmittellieferanten. In diesem Fall orientieren sich die Unternehmen möglichst genau an den bekannten Vorbildern.

Obwohl der Einfluß der Konkurrenz von Einzelfällen abgesehen als gering angesehen wird, sind für etwa 50% der Unternehmen Besuche bei Wettbewerbern oder in verwandten Branchen wichtig. Für die übrigen 50% ist die Kenntnis der Produktionstechnik weniger oder gar nicht relevant (Abb. 5.9).

In den Diskussionen mit den Führungskräften über die Produktionstechnik der Konkurrenz ist uns aufgefallen, wie „entspannt" dieses Thema mittlerweile insgesamt gesehen wird. Für eine große Zahl an Unternehmen ist das Öffnen der eigenen Produktion für die Konkurrenz längst kein Problem mehr.

Zwischen harten Wettbewerbern ist die Situation dagegen eine andere: Entweder gibt es gar keine Kontakte oder sie laufen auf persönlicher Ebene ab.

Einige wenige Unternehmen lehnen allerdings jeden Einblick in ihre Produktion kategorisch ab. Die Gründe hierfür sind vielfältig. Gelegentlich stehen sich als Hauptkonkurrenten verfeindete Familien gegenüber. Manche Unternehmen dagegen sehen die Gefahr, allein

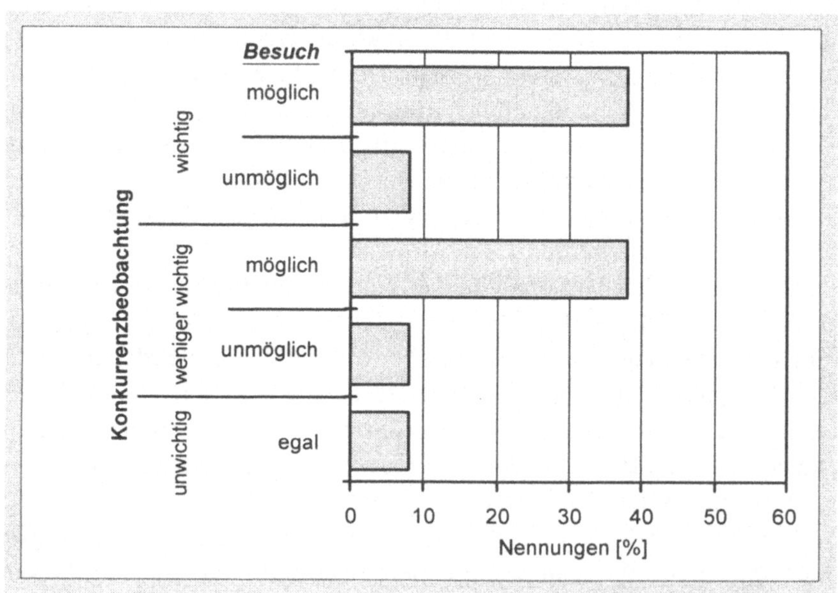

Abb. 5.9. Bedeutung der Konkurrenzbeobachtung und Besuchsmöglichkeiten

schon bei Betriebsbesichtigungen durch die Konkurrenz, wichtiges Know-how über technische Lösungen zu verlieren.

In vielen Fällen ist diese Befürchtung völlig unbegründet, wie anhand der Untersuchungen deutlich wurde. Das spezifische Know-how einer Produktion steckt häufig in den Prozessen und ihren Parametern. Selbst wenn die Konkurrenz durch die Produktion geführt wird, besteht keine Gefahr eines Know-how-Abflusses. Beispiele hierfür gibt es viele: Bei verfahrenstechnischen Prozessen wie dem Löten, der Oberflächenbeschichtung usw. und manch anderem Fertigungs- oder Montageprozeß ist das entscheidende Know-how so verdeckt, daß es bei einer Besichtigung der Betriebsmittel nicht erkannt werden kann.

Als bisweilen lästige, letztlich aber kaum zu schließende Informationskanäle gelten unter den Anwendern von Automatisierungstechnik gemeinsame Lieferanten von Betriebsmitteln aller Art. Gerade bei hochspezialisierten Anlagen ist der Markt oft so eng, daß alle Konkurrenten auf dieselben ein oder zwei Anbieter zugreifen müssen. Der unbeabsichtigte Austausch an Informationen liegt auf der Hand.

Als weitere wichtige Informationsquellen gelten vor allem branchenbezogene Fachmessen. Was hier angeboten wird – und halbwegs vernünftig erscheint – besitzt entweder schon die Konkurrenz oder kommt für das eigene Unternehmen in Frage.

Erfolgsfaktor 9:
Richtige Systemgrenze

Der Erfolgsfaktor 9 beschreibt, in welchem Ausmaß das Legen der Systemgrenze für Automatisierungsprojekte von Bedeutung ist. In erster Linie geht es darum, die richtige Art und Zahl an Prozessen einem automatischen System zuzuordnen sowie den Einfluß vor- und nachgelagerter Prozesse und Betriebsmittel angemessen zu berücksichtigen. Besonders zu beachten sind bei diesem Erfolgsfaktor:

- Bewußte Betrachtung der Systemgrenze der zu planenden Automatisierungslösung,
- Ganzheitlichkeit der Betrachtung oder singuläre Automatisierungslösung,
- Probleme beim Integrieren oder Desintegrieren von Prozessen,
- Einfluß der Automatisierungslösung auf die übrige Produktion,

- Anpassung an vorgelagerte Produktionsschritte sowie
- Behandlung hoher Komplexitäten in der Produktion, die beispielsweise durch Variantenvielfalt oder enge Prozeßtoleranzen ausgelöst werden können.

Nach unseren Erfahrungen und den Aussagen der Gesprächspartner gibt es heute noch immer Automatisierungsprojekte, deren Erfolg durch eine falsche Systemgrenze geschmälert wird. Trotzdem stellt die Definition der Systemgrenze die Anwender von Automatisierungstechnik im großen und ganzen kaum mehr vor ernsthafte Probleme. Der Einfluß dieses Erfolgsfaktors auf Automatisierungsprojekte wird demnach von den Unternehmen als gering eingeschätzt (vgl. hierzu die Gewichtung von 3,2 in Abb. 5.1).

Ende der 70er Jahre und in den 80er Jahren war dies allerdings noch anders. Das Aufkommen flexibler Automatisierungstechnik und ihre Integration in eine entweder weitgehend manuelle oder überwiegend starr automatisierte Produktion stellten so manchen Anwender vor Probleme. Schließlich lagen damals kaum Erfahrungen vor, was alles bei den Planungen zu berücksichtigen ist und welche Fehler auftreten können.

Der Einfluß eines automatischen Systems auf die Produktion hängt von mehreren Faktoren ab. Je enger die Anbindung an die Produktion erfolgt, desto eher machen sich die Eigenschaften des automatischen Systems als mögliche „Störgrößen" in der übrigen Produktion bemerkbar.

Bis heute gibt es einige typische, oft leicht zu vermeidende Planungsfehler, wie

- stark unterschiedliche Kapazitäten von aufeinanderfolgenden Betriebsmitteln oder Arbeitsplätzen,
- falsche Pufferdimensionierung der vor- und nachgelagerten Systeme,
- Kombination zu verschiedener Prozesse oder technologischer Lösungsprinzipen,
- ungenügende Anpassung der Informationstechnik des automatischen Systems an die bestehenden Strukturen,
- zu geringes Platzangebot für das automatische System,
- mangelnde Zugänglichkeiten zum automatischen System und
- mangelnde Prozeßkonstanz vorgelagerter Produktionsschritte.

Ist bei derartigen Planungsfehlern keine vollständige Abhilfe möglich, werden in *Einzelfällen* die Nutzungsmöglichkeiten der automatischen Produktionsanlagen stark eingeschränkt. Der Nutzen des betroffenen Automatisierungsprojektes wird dann ad absurdum geführt. Auch wenn Abhilfe möglich ist, wird man zu so manchem Kompromiß gezwungen werden. Kostenintensive Änderungen am Produkt, die Beschränkung auf eine geringere Zahl von Produktvarianten oder höhere Durchlaufzeiten durch längere Taktzeiten können die unangenehmen Folgen sein.

Bei mehr als der Hälfte der Unternehmen (58%) erfolgt die Betrachtung der Systemgrenze einer in Planung befindlichen Automatisierungslösung eher beiläufig (Abb. 5.10). Dies gilt vor allem bei der Definition von Materialfluß- und Informationsflußschnittstellen. Nur 39 % der Unternehmen definieren die Systemgrenze aktiv und systematisch. Die Mehrheit der Planer in den Unternehmen hat genug Erfahrungen gesammelt, um ohne großes Nachdenken bei einzelnen Planungsschritten die kritischen Faktoren zu erkennen und richtige Entscheidungen zu fällen. Von so manchem Gesprächspartner wurde die Problematik der „Grenzziehung" als mittlerweile zum Basiswissen eines Planers gehörend charakterisiert.

Eng mit der Frage der Definition der Systemgrenze verbunden ist der generelle Betrachtungshorizont bei Automatisierungsprojekten in der Produktion. Abgesehen von ganzheitlichen Neuplanungen kompletter Produktionslinien oder -hallen, herrscht bei Automatisierungsprojekten eine überwiegend lokale Denk- und Betrachtungsweise vor. Deshalb läßt es sich bis heute nicht vermeiden, daß Planungsfehler

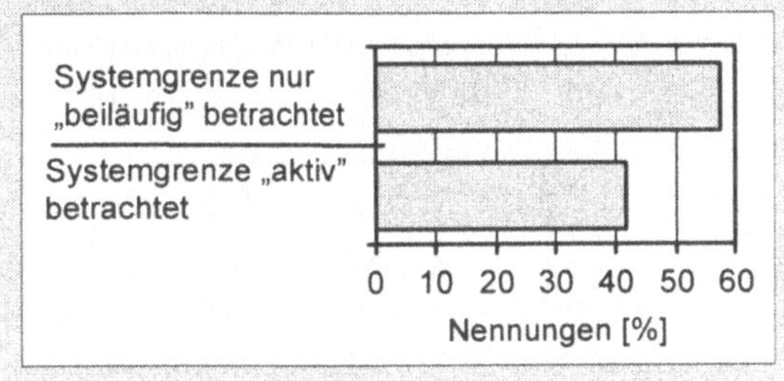

Abb. 5.10. Betrachtungsweisen der Systemgrenze eines zu planenden automatischen Systems

auftreten. Die Folge können Zeitverzögerungen im Projektablauf und unerwartete Kostensteigerungen sein.

Im Zusammenhang mit der Grenzziehung für das automatische System muß in jedem Projekt über Änderungen am Produktionsablauf entschieden werden. Bei der Automatisierung von Prozessen ist zuerst zu prüfen, ob diese überhaupt automatisierbar sind. Danach stehen die Zusammenlegung (Integration) oder gar das Aufteilen (Desintegration) von Prozessen zur Diskussion. Manchmal empfiehlt es sich auch, die Reihenfolge von Prozessen zu überprüfen und ggf. zu ändern. Dies alles spielt sich immer vor dem Hintergrund ab, eine möglichst funktionssichere und kostengünstige Automatisierungslösung finden zu müssen.

Als es bei einem Spielwarenhersteller darum ging, die Effizienz der bereits teilweise automatisierten Produktion weiter zu steigern, identifizierten Mitarbeiter der Produktion die vorhandenen Flexiblen Fertigungszentren (FFZ) als Produktivitätsengpässe. Gleichzeitig mit einer geringfügigen Produktoptimierung wurden die FFZ abgeschafft und ihre unterschiedlichen Prozesse in die verschiedenen bereits existierenden Produktionslinien dezentral integriert. Zum gleichen Zeitpunkt dezentralisierte der Spielwarenhersteller auch die Datenverarbeitung in der Produktion und führte ein Netzwerk aus Personal Computern ein. Seitdem hat sich nicht nur die Produktqualität verbessert, auch die Durchlaufzeit von mehreren Tagen hat sich auf wenige Stunden verkürzt.

In der Praxis sind bei der Überlegung, ob automatisiert wird oder nicht, die planerischen Freiheiten eingeschränkt. Dasselbe gilt für die Integration oder Desintegration von Prozessen. Aufgrund vieler Randbedingungen sind die Einschränkungen bei bereits bestehenden Produktionen besonders gravierend. Beispielsweise ist die „Ablauflogik" von Herstellungsprozessen in vielen Fällen kaum zu ändern: Ein Bauteil kann erst dann auf seine Oberflächenqualität überprüft werden, wenn die Oberfläche fertig bearbeitet wurde. Ein Gehäuse kann erst dann verschlossen werden, wenn die inneren Komponenten montiert wurden. Besonders bei verfahrenstechnischen Produktionen sind aufeinanderfolgende Produktionsschritte oft räumlich zu weit voneinander entfernt oder von den Eigenschaften her zu verschieden, um eine sinnvolle Prozeßintegration zu ermöglichen.

Nur vereinzelt ist das Bemühen erkennbar, Produktionsschritte innerhalb automatischer Betriebsmittel zu parallelisieren. Sicher können manche Produktkomponenten auch gleichzeitig statt sequentiell montiert oder beschichtet werden. Die Erkenntnisse aus den Untersuchungen lassen jedoch eher die Annahme zu, daß mit Integration durch Parallelisierung unerwartete Probleme verbunden sind. Als Hauptprobleme gelten Mängel bei der Produktqualität sowie unzureichende Systemverfügbarkeiten durch zu hohe mechanische und steuerungstechnische Komplexitäten.

Letzteres war auch der Grund, warum ein Hersteller elektrotechnischer Geräte bei der nächsten Generation von Betriebsmitteln einer bestimmten Produktlinie auf die Parallelisierung von Fertigungs- und Qualitätssicherungsprozessen verzichtete. Die zu regelnden Prozesse waren durch die Vielzahl möglicher Parameterkonstellationen nicht mehr sicher beherrschbar. Deshalb wurde das einst „integrierte" Betriebsmittel in zwei sequentiell arbeitende Systeme aufgespalten.

Ähnliche Erfahrungen wurden in vielen Unternehmen gesammelt. Als Folge davon ist die Sensibilität für mögliche Probleme bei der Automatisierung von Prozessen mittlerweile relativ stark ausgeprägt. Die Unternehmen versuchen i.d.R., zu komplexe Aufgabenstellungen, wenn irgend möglich, zu vermeiden bzw. diese zu vereinfachen. Vereinfachen bedeutet in diesem Zusammenhang meist das sequentielle automatische Ausführen von Prozessen oder im Extremfall gar den Verzicht auf eine umfangreiche Automatisierung.

Erfolgsfaktor 10:
Beachtung des Standes der Automatisierungstechnik und ihrer Grenzen

Hinter dem Erfolgsfaktor 10 steht zum einen die Idee, auch neue Automatisierungsprojekte weitgehend mit am Markt verfügbaren Technologien und Komponenten anzugehen. Zum anderen sollen Grenzen, die der jeweilige Stand der Automatisierungstechnik setzt, bewußt nicht überschritten werden. Von besonderem Interesse sind bei diesem Erfolgsfaktor:

- Sichtbare technische und ökonomische Grenzen bei der Realisierung neuer Betriebsmittel,

- Verwendung marktgängiger Automatisierungstechnik,
- Prozesse, die bei der Realisierung eines Automatisierungsprojektes am meisten Zeit in Anspruch nehmen oder die größten Probleme bereiten und
- spezifische Unterschiede bei einzelnen Technologien.

Die Bedeutung des Erfolgsfaktors wird von den befragten Unternehmen als gering eingeschätzt (vgl. hierzu die Gewichtung von 2,8 in Abb. 5.1). Dies liegt hauptsächlich daran, daß sich die überwiegende Mehrheit der Gesprächspartner von den zweifellos vorhandenen Grenzen der Automatisierungstechnik nicht beschränkt fühlt oder diese überhaupt nicht sieht.

Die Gründe für derartige Aussagen sind unklar. Möglicherweise wird der hohe Reifegrad vieler Komponenten der Automatisierungstechnik unbewußt auf sämtliche Automatisierungslösungen übertragen. Vielleicht aber unterwerfen sich die mit einem geplanten Automatisierungsprojekt Befaßten auch einer Art „vorauseilender Selbstbeschränkung": Scheint eine Lösung nicht auf Anhieb mit bekannter Technik machbar, wird der Gedanke an eine Automatisierung fallengelassen.

Aus den Aussagen der Gesprächspartner kann freilich nicht abgeleitet werden, jedes angegangene Projekt sei zwangsläufig auch einfach zu realisieren. Die Aussagen beziehen sich vielmehr auf die prinzipielle Machbarkeit eines Automatisierungsprojektes und nicht auf Detailprobleme, die in der Praxis immer auftreten.

Nur eine Minderheit von Unternehmen behauptet, sich ständig an den Grenzen des Machbaren, und damit an den Grenzen der Automatisierungstechnik, zu bewegen. Die Branche, aus der das Unternehmen stammt, ist dabei gleichgültig. Vor allem der Innovationsgrad der Produkte ist in diesem Zusammenhang der entscheidende Faktor.

Wenn einmal von „Grenzen" gesprochen wird, so nur äußerst wage und eher als theoretisches Problem. Manche Gesprächspartner nannten als Grenze die immer noch zu hohen Investitionskosten für Automatisierungstechnik. Es kann allerdings davon ausgegangen werden, daß sich das Preis-Leistungsverhältnis auf jeden Fall weiter verbessern wird. Preissenkungen von 50 % und mehr sind – ähnlich wie es bei Industrierobotern seit etwa 1990 der Fall ist – zu erwarten.

Bis heute sind zahlreiche Automatisierungsaufgaben noch immer nicht gelöst. Man denke nur an die Handhabung biegeschlaffer Teile oder an die automatische Produktion von Produkten in großer Variantenvielfalt und in kleinen Losen. Daher scheint uns die Aussage *„Wir sehen derzeit keine Grenzen beim Einsatz von Automatisierungstechnik"*, die viele Gesprächspartner machten, erstaunlich (vgl. Kap. 7).

Erwähnenswert ist in diesem Zusammenhang auch die geringe Kenntnis des Standes der *Forschung* in den unterschiedlichen Gebieten der Produktionsautomatisierung. Selbst in Gebieten, die für die befragten Unternehmen von großer Bedeutung sind, kennen die Gesprächspartner überwiegend nur den *Stand der Technik*. Geht man davon aus, daß in den einzelnen Forschungsgebieten genug Veröffentlichungen existieren, so scheinen für die Informationsdefizite in den Unternehmen hauptsächlich zwei Probleme verantwortlich zu sein. Zum einen haben Mitarbeiter häufig nicht genügend freie Zeit, um die Vielzahl der Veröffentlichungen zu lesen. Zum anderen fehlen in den Unternehmen oft die technischen und organisatorischen Voraussetzungen, um an Informationen zu gelangen oder diese unternehmensspezifisch aufzubereiten.

Um weitgehend mit marktgängigen Komponenten auskommen zu können und zuverlässige Betriebsmittel zu erhalten, wenden sich die produzierenden Unternehmen bei der Entwicklung von Automatisierungslösungen immer konsequenter dem altbekannten KISS-Prinzip („Keep it simple and stupid") zu. Dies zieht allerdings den Verzicht auf eine hohe funktionale und bauliche Integration, auf eine aufwendige Sensorik und Steuerungstechnik sowie die Nicht-Berücksichtigung von Sonderfällen nach sich. Die Unternehmen fühlen sich allerdings hierdurch kaum eingeschränkt. Um eine einfache Technik zu ermöglichen, sind sie bemüht, zur Erhöhung der Funktionssicherheit und Verminderung der baulichen Integration Fertigungs-, Montage- und Prüfprozesse zu vereinfachen und nacheinander auszuführen.

Flankiert werden diese Maßnahmen in vielen Fällen durch den Einsatz von hochmotivierten und qualifizierten Mitarbeitern. Eine fachgerechte Verwendung, eine bessere Pflege sowie eine kurzfristige und fachgerechte Instandhaltung der Betriebsmittel sind die positiven Resultate.

Bei Prozessen mit eher verfahrenstechnischem Charakter und bei Prozessen, die auf Mikrostrukturen einwirken bzw. diese erzeugen oder verändern, reicht der derzeitige Stand der Automatisierungstechnik oft nicht aus. Branchen, für die dies in besonderem Maße gilt, sind Pharmazie, Mikroelektronik, Bio- und Gentechnologie.

Bei der Entwicklung eines extrem funktionssicheren automatischen Diagnosesystems in der Pharmazie waren extreme Anforderungen zu erfüllen. Es galt, außergewöhnliche Positioniergenauigkeiten im Bereich weniger Mikrometer bei sehr hohen Verfahrgeschwindigkeiten in aggressiver Atmosphäre zu realisieren. Darüber hinaus bestanden extreme Flexibilitätsanforderungen an das Diagnosesystem, da die Prozeßzeiten um den Faktor 100 variieren konnten. Erhebliche Entwicklungsarbeiten waren auch für das automatische Bildverarbeitungssystem zu leisten, da es in weniger als 200 ms komplexe Szenarien mit kleinsten Strukturen erkennen mußte.

Ein großes branchenübergreifendes und im Alltag schmerzliches Problem ist die Komplexität, Beherrschbarkeit und Zuverlässigkeit von Steuerungssoft- und -hardware. Zudem führt die Vielfalt an Software- und Steuerungsgenerationen sowie an Schnittstellen zu hohen Implementierungsaufwänden und Funktionsproblemen. Die meisten Unternehmen klagen hier über einen enormen Verlust an Zeit und Geld sowie teilweise über Einschränkungen bei den Funktionen der Automatisierungstechnik, die sich nicht beheben lassen.

Manchmal sind die Probleme allerdings selbstverschuldet. Ein Anlagenbauer wollte in einem bestimmten Produktionsbereich für ein automatisches Hochregallager keine Standardmaße akzeptieren, sondern unternehmensspezifische Lagerhilfsmittel mit „Überlänge" einsetzen. Der Lagerhersteller riet aus Stabilitäts- und Funktionsgründen dringend davon ab. Da der Anlagenbauer darauf beharrte, bekam er seine Sonderlösung. Um Kosten zu sparen, verzichtete dieser allerdings darauf, auch die Software vom Lagerhersteller zu beziehen. Die Programmierarbeiten wurden statt dessen an ein kleines Softwarehaus vergeben. Als das Lager in Betrieb genommen wurde, zeigte sich rasch, wie instabil der Ein-/Auslagerbetrieb lief. Lager- und Softwarehersteller begannen, sich gegenseitig die Schuld für das Desaster zuzuschieben. Bis heute sind die Probleme nicht gelöst. Der Anlagenbauer muß mit einem nur eingeschränkt funktionsfähigen Hochregallager auskommen.

Die Probleme im Steuerungshard- und -softwarebereich sind typischerweise von zentraler Bedeutung, da viele Betriebsmittel und Prozesse direkt oder indirekt davon abhängen. Es bleibt den Anwendern deshalb gar nichts anderes übrig, als mit aller Macht auf Abhilfe zu drängen. Das gestaltet sich jedoch wesentlich schwieriger, als eigentlich zu erwarten ist. Die Anbieter von Steuerungstechnik und diejenigen Softwareunternehmen, welche die Implementierungen vor Ort durchführen, sind normalerweise ziemlich klein. Auch größere Unternehmen auf diesem Gebiet verfügen häufig über Sub- oder „Subsub"unternehmer, um die Systeme beim Anwender zu installieren und in Betrieb zu nehmen. Der Ausdruck *„Klitschen"* für solche Unternehmen fiel in diesem Zusammenhang immer wieder bei den Gesprächspartnern. Was aber bedeutet das in der Praxis?

In einer „Klitsche" verfügen nur ein oder zwei Personen über das Know-how für die spezifischen Lösungen eines bestimmten Anwenders. Bei Krankheit bzw. Arbeitgeberwechsel der Experten oder gar Konkurs der kleinen Steuerungstechnik- und Software-Anbieter – oft handelt es sich um ein und dasselbe Unternehmen – steht der Anwender „im Regen". Spätestens zu diesem Zeitpunkt versucht dieser, mit zahlreichen Überstunden oder Zusatzkapazitäten sowie mit Improvisationen („Bastellösungen") die vorhandene Steuerungstechnik und -software wenigstens einigermaßen funktionsfähig zu erhalten.

Korrelation zwischen mit Automatisierungstechnik erfolgreichen Unternehmen und Erfolgsfaktoren

Zusätzlich zu den Erfolgsfaktoren und ihrer Rangfolge wurde auch untersucht, ob bei Unternehmen, die mit Automatisierungstechnik *besonders erfolgreich* sind, bestimmte Erfolgsfaktoren überproportional häufig auftreten. Darauf aufbauend wurde analysiert, ob es gewisse Gruppen von Erfolgsfaktoren oder ihren Merkmalsausprägungen gibt, die als typisch bezeichnet werden können.

Was aber ist ein besonders erfolgreiches Unternehmen? An dieser Stelle soll es nicht darum gehen, existierende Definitionsansätze zu überprüfen oder streng wissenschaftlich Analysen vorzunehmen. Aufgrund von Praxiserwägungen gilt im Rahmen unserer Untersuchungen ein Unternehmen (Anwender von Automatisierungstechnik) dann als besonders erfolgreich, wenn sein Marktauftritt überdurchschnittlich positiv ist *und* die von uns besuchten Produktionsstätten besonders effizient arbeiten. Die Beurteilung des Marktauftritts orientiert sich an Kriterien wie Unternehmenswachstum, Umsatz, Cash flow, Attraktivität der Produktpalette usw. Produktionsstätten werden dann als besonders effizient eingestuft, wenn Automatisierungsprojekte die gesetzten Ziele erfüllen und die Produktion hinsichtlich Produktivität, Produktqualität, Logistik und Organisation überdurchschnittliches leistet. Die Beurteilung stützt sich dabei auf externe Informationsquellen, Vor-Ort-Gespräche sowie Produktionsbegehungen.

Um die für besonders erfolgreiche Unternehmen signifikanten Erfolgsfaktoren zu ermitteln, wurden die wichtigsten Faktoren

- Aktive Verankerung des Automatisierungsprojektes im Management, bei allen Betroffenen sowie Mitarbeitermotivation (Erfolgsfaktor 1),
- Schnelle Projektrealisierung (Erfolgsfaktor 2),
- Verwendung beherrschter, automatisierungsgerechter Produkte und Prozesse (Erfolgsfaktor 3),
- Internes Know-how über Automatisierung (Erfolgsfaktor 4),
- Realistisches Lasten-/Pflichtenheft (Erfolgsfaktor 5) sowie
- Gezielte Prozeß-/Betriebsmittelinnovationen (Erfolgsfaktor 6)

in einer detaillierten Rückschau für jedes Unternehmen einzeln auf ihre Rangfolge und Signifikanz hin überprüft. Als wichtig gelten alle Faktoren mit einer Bewertung höher als vier auf der Bewertungsskala. Ziel war es, herauszufinden, ob die o.g. Erfolgsfaktoren in *jedem erfolgreichen* Unternehmen einen vorderen Platz belegen.

Wie aus Abb. 5.11 hervorgeht, belegen lediglich drei der sechs Erfolgsfaktoren in *allen besonders erfolgreichen* Unternehmen durchgängig einen der vorderen sechs Ränge, können also als *signifikant* bezeichnet werden. Warum aber sind nun drei der sechs erstplazierten Erfolgsfaktoren für besonders erfolgreiche Unternehmen *nicht durchgängig* signifikant?

Der Erfolgsfaktor *Schnelle Projektrealisierung* ist zwar äußerst wichtig, jedoch nicht signifikant. Denn selbst in besonders erfolgreichen Unternehmen gibt es eine bestimmte Anzahl von Projekten, die, obgleich in der Minderzahl, aus verschiedenen Gründen nicht zügig durchgeführt werden konnten. Dies liegt weniger an organisatorischen

	Erfolgsfaktor	Bewertung
1	Aktive Verankerung des Automatisierungsprojektes im Management, bei allen Betroffenen sowie Mitarbeitermotivation	signifikant
2	Schnelle Projektrealisierung	nicht signifikant
3	Verwendung beherrschter, automatisierungsgerechter Produkte und Prozesse	nicht signifikant
4	Internes Know-how über Automatisierung	signifikant
5	Realistisches Lasten-/Pflichtenheft	nicht signifikant
6	Gezielte Prozeß-/Betriebsmittelinnovationen	signifikant

Abb. 5.11. Signifikanz von Erfolgsfaktoren in besonders erfolgreichen Unternehmen

Mängeln – obwohl natürlich auch erfolgreiche Unternehmen davon nicht verschont bleiben – sondern meist an zu komplexen Aufgabenstellungen oder Unwägbarkeiten vor Projektstart. Letztlich bekommen die erfolgreichen Unternehmen aber die Probleme meistens „in den Griff" und verfügen dann über einwandfrei funktionierende automatische Produktionsanlagen. Erst diese sichern häufig den Vorsprung vor Wettbewerbern und damit den Erfolg des Unternehmens.

Der Grund, warum der Erfolgsfaktor *Verwendung beherrschter, automatisierungsgerechter Produkte und Prozesse* nicht signifikant ist, liegt letztlich auf der Hand. Gerade besonders erfolgreiche Unternehmen leisten immer wieder Pionierarbeit. Deshalb sind die zu automatisierenden Prozesse zu Beginn eines Automatisierungsprojektes meist nicht völlig ausgereift oder können erst in Verbindung mit dem zugehörigen automatischen Betriebsmittel entwickelt und stabilisiert werden.

Der Erfolgsfaktor *Realistisches Lasten-/Pflichtenheft* wird in besonders erfolgreichen Unternehmen ebenfalls nicht durchgängig er-

Erfolgsfaktor	Ausprägung	Erfüllung	
1	Mitarbeiterintegration	durchgängig	gering
	Mitarbeiterführung	aktiv	passiv
	Projektmanagement	straff	inkonsequent
4	Kenntnis des Standes der Automatisierungstechnik	sehr gut	gering
6	Innovationsgrad der Produktion	hoch	niedrig

Abb. 5.12. Ausprägungen von Erfolgsfaktoren und Erfüllungsmöglichkeiten

füllt. Unter ihnen finden sich einige, die ihren Erfolg auch mit Hilfe extremer Anforderungen und Randbedingungen an die Automatisierungstechnik erringen wollen. Häufig treten deshalb Anlaufprobleme in Organisation und Technik auf.

Da jeder einzelne der drei signifikanten Erfolgsfaktoren über verschiedene Ausprägungen verfügt, wurde deren praktische Bedeutung für den Erfolg von Automatisierungsprojekten näher untersucht. Abbildung 5.12 zeigt die wichtigsten Ausprägungen und Erfüllungsmöglichkeiten des jeweiligen Erfolgsfaktors.

Die Ausprägungen mit positiver Erfüllung lassen sich wie folgt definieren:

- *Mitarbeiterintegration*
  Mitarbeiter aller (relevanten) Hierarchien werden gezielt in die Planung und Realisierung von Automatisierungsprojekten einbezogen. Eine aktive Projektverankerung und eine sehr offene Informationspolitik finden statt.
- *Mitarbeiterführung*
  Die Führungskräfte erfüllen eine Vorbildfunktion. Als Grundlage der Mitarbeiterführung dienen klare Zielvorgaben, aus denen sich einzelne Aufgaben ableiten lassen. Die Führungskräfte sind dafür

verantwortlich, daß das Gesamtziel („Erfolg") in einem Projekt nie aus den Augen verloren wird. Die Zusammenarbeit zwischen Mitarbeitern derselben und unterschiedlicher Hierarchiestufen in und zwischen Abteilungen ist eng.

- *Projektmanagement*
  Ein gutes Projektmanagement ist vorhanden. Garanten sind neben einem „dynamischen" Projektleiter, ein konsequentes Zeitmanagement, ein geschickter Umgang mit den Projektmitarbeitern und mit auftretenden Problemen sowie ein offensives Vertreten des Projektes nach außen.
- *Kenntnis des Standes der Automatisierungstechnik*
  Die Kenntnis des Standes der Automatisierungstechnik ist hinsichtlich derjenigen Betriebsmittel sehr gut, die für das Unternehmen besonders wichtige Produktionsprozesse automatisch ausführen. Hinzu kommt ein Mindestmaß an Kenntnissen über Automati-

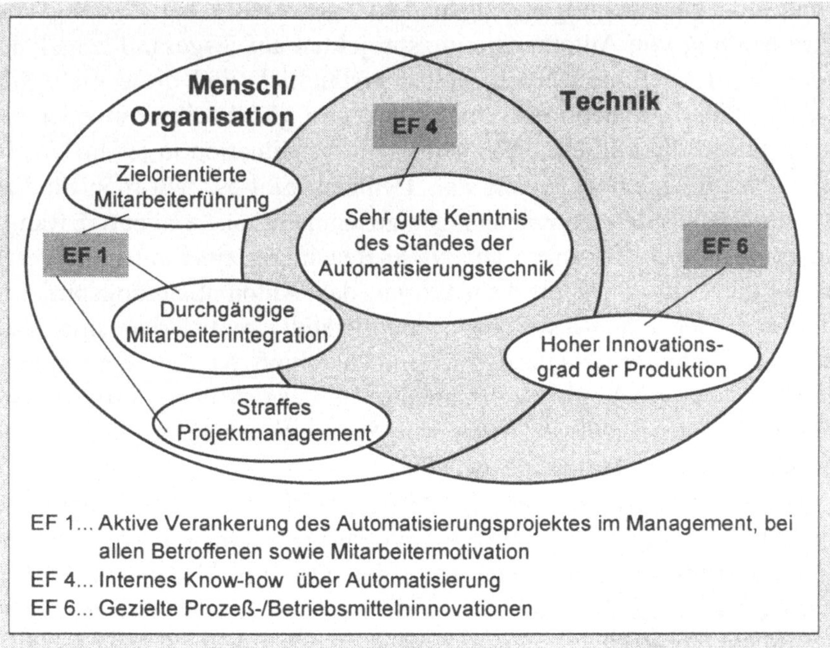

Abb. 5.13. Ausprägungen von Erfolgsfaktoren und ihre Erfüllung in besonders erfolgreichen Unternehmen

sierungstechnik aus dem Bereich Logistik (Handhaben, Transportieren, Lagern).

- *Innovationsgrad der Produktion*
In der Produktion sind modernste Betriebsmittel vorhanden. Teilweise werden unternehmensspezifische innovative Lösungen realisiert. Es wird grundsätzlich versucht, weitere Innovationen anzustoßen.

Eine abschließende Übersicht über diejenigen Erfolgsfaktoren und ihre Ausprägungen, die für *besonders erfolgreiche* Unternehmen signifikant sind, gibt Abb. 5.13.

Fazit

Ob Unternehmen mit Automatisierungsprojekten in ihrer Produktion erfolgreich sind und „glücklich" werden, ist keine Sache des Zufalls. Wie die Untersuchungen zeigen, kann der Erfolg bei Planung und Realisierung von Automatisierungsprojekten auf insgesamt zehn Faktoren zurückgeführt werden. Selbstverständlich sind diese nicht alle gleich wichtig und müssen auch nicht alle gleichzeitig gut oder gar sehr gut erfüllt werden. Auch stellt sich die Situation in jedem Unternehmen immer etwas anders dar. Dennoch gibt es, faßt man die Erkenntnisse aus den Untersuchungen zusammen, eine eindeutige Rangfolge der Erfolgsfaktoren. Die Nicht-Beachtung einer oder mehrerer wichtiger Faktoren kann dazu führen, daß Automatisierungsprojekte entweder nur sehr schwer bzw. unvollständig realisierbar sind oder sogar vollständig scheitern. Im Umkehrschluß ist die Wahrscheinlichkeit sehr hoch, durch besondere Berücksichtigung (zumindest) der wichtigsten Erfolgsfaktoren, mit Automatisierungsprojekten überdurchschnittlich erfolgreich zu sein.

Bemerkenswert ist, daß die beiden wichtigsten Erfolgsfaktoren nicht technischer Natur sind, sondern die menschliche bzw. organisatorische Seite eines Projektes betreffen. Der mit Abstand wichtigste Erfolgsfaktor ist die *Aktive Verankerung des Automatisierungsprojektes im Management, bei allen Betroffenen sowie Mitarbeitermotivation.* Ohne die strikte Beachtung dieses Erfolgsfaktors ist ein Projekterfolg äußerst fraglich.

An zweiter Stelle der Erfolgsfaktoren steht die *Schnelle Projekt-realisierung*. 40% der Unternehmen – das ist die überraschende Erkenntnis – müssen aus *internen* Gründen (Motivationserhalt) und nicht aus externen Gründen wie Konkurrenzdruck usw. schnell sein.

Der drittwichtigste Erfolgsfaktor *Verwendung beherrschter, automatisierungsgerechter Produkte und Prozesse* ist der erste Faktor technischer Art. Wie die Praxis zeigt, sind zum einen eben Erfolgs-faktoren menschlicher oder organisatorischer Natur wichtiger für das grundsätzliche Gelingen eines Projektes. Zum anderen aber ist es in vielen Fällen gar nicht möglich, ein Automatisierungsprojekt erst dann zu beginnen, wenn Produkte und Prozesse vollkommen definiert sind und stabil „laufen".

Literatur

1 Rommel, G., Brück, F., Diederichs, R., Kempis, R.-D., Kaas, H.-W., Fuhry, G., Kurfess, V.: Qualität gewinnt: Mit Hochleistungskultur und Kundennutzen an die Weltspitze. Stuttgart: Schäffer-Poeschel, 1995

6 Die Planung automatischer Betriebsmittel in der Praxis: Alles schon ausgereizt?

„Mehr als fünf an einem Projekt
beteiligte Unternehmen sind
nicht mehr beherrschbar. "

Im Kapitel über die Erfolgsfaktoren wurde auf die Bedeutung einer zügigen Projektdurchführung und eines „guten" Projektmanagements für den Gesamterfolg eines Automatisierungsprojektes hingewiesen. Unserer Einschätzung nach entspricht jedoch in der Praxis die Güte des Projektmanagements häufig nicht seiner Bedeutung und seinem Einfluß auf den Projekterfolg.

Ein Beispiel hierfür ist die unzureichende Einbindung von Automatisierungsprojekten in das übrige betriebliche Geschehen. Entwicklungsprojekte für automatische Betriebsmittel *sollten* im Idealfall *simultan* mit den entsprechenden Entwicklungsarbeiten für die zu automatisierenden Prozesse bzw. die automatisch herzustellenden Produkte ablaufen. Leider ist das im Alltag nur selten der Fall.

Hinzu kommt, daß die „Automatisierer", was Produkte[6] und Prozesse[7] angeht, nur allzu häufig vor vollendete Tatsachen gestellt werden. Produkte und Prozesse sind bereits fertig entwickelt, wenn die Betriebsmittelspezialisten einen Entwicklungsauftrag für automatische Betriebsmittel erhalten. Eine ganzheitliche Betrachtungsweise und eine Optimierung werden so bereits im Ansatz verhindert. Dies ist besonders schmerzlich, weil gerade im Produkt ein bisher nur unzureichend genutztes, erhebliches Potential steckt, um durch Produktoptimierung die automatischen Betriebsmittel einfacher, billiger und zuverlässiger zu gestalten.

Im folgenden sollen nun wichtige Aspekte bei der Planung automatischer Betriebsmittel erläutert werden.

---

[6] s. Fußnote 3, S. 51

[7] s. Fußnote 1, S. 7

Geschäftsbeziehungen von Automatisierungstechnik-Anwendern

Jeder Anwender von Automatisierungstechnik verfügt selbstverständlich über intensive Beziehungen zu Kunden und Lieferanten[8]. Aber auch für andere Aufgaben wie beispielsweise Marketing oder die Entwicklung von Produkten und Betriebsmitteln müssen Beziehungen nach außen aufgebaut und gepflegt werden.

Aus folgenden wichtigen Gründen wenden sich Unternehmen hinsichtlich ihrer Produktions- und damit auch Automatisierungstechnik nach außen:

- Bedarf an Forschung und Entwicklung (Prozesse und Betriebsmittel, teilweise auch Produkte),
- Bedarf an Beratung (Produkte, Prozesse, Betriebsmittel, Projektmanagement, Planungstools, Begutachtung von Lösungskonzepten),
- Beheben von Kapazitätsengpässen bei der Planung,
- Ermittlung des Standes der Technik (Prozesse und Betriebsmittel),
- Beschaffung von Betriebsmitteln (Hard- und Software, einschl. eines Planungsanteils),
- Herstellung von Betriebsmitteln im Auftrag (einschl. eines Planungsanteils),
- Instandhaltung von Betriebsmitteln sowie
- Beschaffung von Fördermitteln über Dritte (Forschungsinstitute usw.).

Bezüglich der Intensität der externen Geschäftsbeziehungen können drei Fälle unterschieden werden:

- *Singuläre Geschäftsbeziehung*
  Typisch für einmalige Aktionen oder in größeren Abständen durchgeführte Projekte mit übergreifendem oder sehr umfassendem Charakter.
- *Projektbezogene Geschäftsbeziehung*
  In (un)regelmäßigen Abständen sind verschiedene, teilweise ähnliche Aufgabenstellungen (Entwicklung von Betriebsmitteln usw.) zu lösen.

---

[8] s. Fußnote 2, S. 26

- *Enge Geschäftsbeziehung*
  Auf genau definierten Gebieten wird mit einem oder mehreren Unternehmen nahezu kontinuierlich und sehr partnerschaftlich zusammengearbeitet.

Der Regelfall bei den Unternehmen, die Automatisierungstechnik anwenden, ist die *projektbezogene Geschäftsbeziehung*. Bei ihr wird der Lieferant fallweise, oft aus einem schon bekannten, beschränkten Anbieterkreis, ausgewählt. Nicht ungewöhnlich sind *singuläre Geschäftsbeziehungen* bei Aufgabenstellungen wie Werksneuplanungen, Aufbau neuer Produktionslinien oder Entwicklung spezieller Prozesse. Ein Nachteil derartiger Projekte aus Sicht des externen Kooperationspartners ist allerdings die Tatsache, daß diese Art von Projekten im selben Unternehmen nur selten vorkommen. Er muß sich also häufig neue Auftraggeber suchen. Dies ist mit zusätzlichem Akquise- und Einarbeitungsaufwand verbunden.

Einige produzierende Unternehmen streben bewußt eine *enge Geschäftsbeziehung*, z. B. mit Betriebsmittellieferanten, an. Die Vorteile dieser Kooperationsform sind vor allem eine größere Innovationsfreude des externen Unternehmens, maßgeschneiderte Lösungen, eine höhere Flexibilität, geringere organisatorische Reibungsverluste sowie geringere Entwicklungs- und Beschaffungskosten. Letzteres wird durch eine optimierte Projektorganisation zwischen den Partnern sowie durch eine bessere Nutzung der jeweiligen Ressourcen erzielt. Teilweise werden die Kosten niedrig gehalten, indem von vornherein beabsichtigt wird, das entwickelte Betriebsmittel in größeren Stückzahlen herzustellen und auf dem Markt anzubieten. Diejenigen Unternehmen, die enge Geschäftsbeziehungen bevorzugen, sind von ihrem Handeln überdurchschnittlich stark überzeugt. Sie schätzen die vertrauensvolle, kooperative, effiziente und letztlich symbiotische Zusammenarbeit besonders.

Genereller Ablauf der Entwicklung automatischer Betriebsmittel

Hat sich ein Unternehmen entschlossen, ein Projekt anzugehen, wird ein Projektteam zusammengestellt, und die weiteren Randbedingungen und Anforderungen sind abzuklären. Der Ablauf eines Projektes erfolgt in der Praxis in seinen Grundzügen sozusagen nach dem Lehrbuch. Im Detail variiert der Ablauf allerdings nicht nur von Projekt zu Projekt, sondern auch von Unternehmen zu Unternehmen. Besonders auffällig sind die vielen praktizierten Ablaufvarianten in der Anfangsphase eines Projektes. Einen detaillierten Überblick über die praktizierten Projektabläufe gibt Abb. 6.1. Die wichtigsten Ablaufschritte jedes Projektes sind:

- *Erstellung des Lastenheftes*
  Es wird festgelegt, *was* das Produkt oder Betriebsmittel *können* soll. Die wesentlichen Aspekte sind hierbei der erforderliche Funktionsumfang sowie die Anforderungen und Randbedingungen. Technische Lösungsvorschläge spielen zu diesem Zeitpunkt eine untergeordnete Rolle. Lastenhefte für Produkte erstellt der Hersteller selbstverständlich in aller Regel selbst, ganz im Gegensatz zu den Lastenheften für die zugehörigen Betriebsmittel, deren Erstellung teilweise auch externen Unternehmen (Lieferanten, Ingenieurbüros usw.) überlassen wird. Eine so frühe Ansprache externer Unternehmen kommt besonders bei engen Geschäftsbeziehungen zwischen Anwendern und Lieferanten von Automatisierungstechnik vor.

- *Erstellung des Pflichtenheftes*
  Im Pflichtenheft wird festgelegt, *wie* und *womit* man die im Lastenheft definierten Funktionen technisch lösen will. In verstärktem Maße gilt hier das beim Lastenheft Gesagte: Pflichtenhefte für Produkte werden beim Hersteller ausgearbeitet, wogegen Pflichtenhefte für Betriebsmittel häufig von einem externen Unternehmen (Lieferant, Ingenieurbüro usw.) erstellt werden. Sind eigene Pflichtenhefte (oder auch Lastenhefte) ausgearbeitet worden, so zeigen sich die meisten Anwender in der Phase der Angebotseinholung bzw. nach Auftragsvergabe gegenüber Modifikationen aufgeschlossen. Viele Anwender von Automatisierungstechnik fordern sogar explizit innovative und kritische Entwickler von Automatisierungstechnik. Über Änderungen an der Automatisierungs-*technik* lassen die meisten Anwender also gerne mit sich reden. Im Gegensatz dazu sind Einflüsse des Pflichtenheftes der Automatisierungstechnik auf das Produkt nicht gerne gesehen und werden häufig nicht akzeptiert.

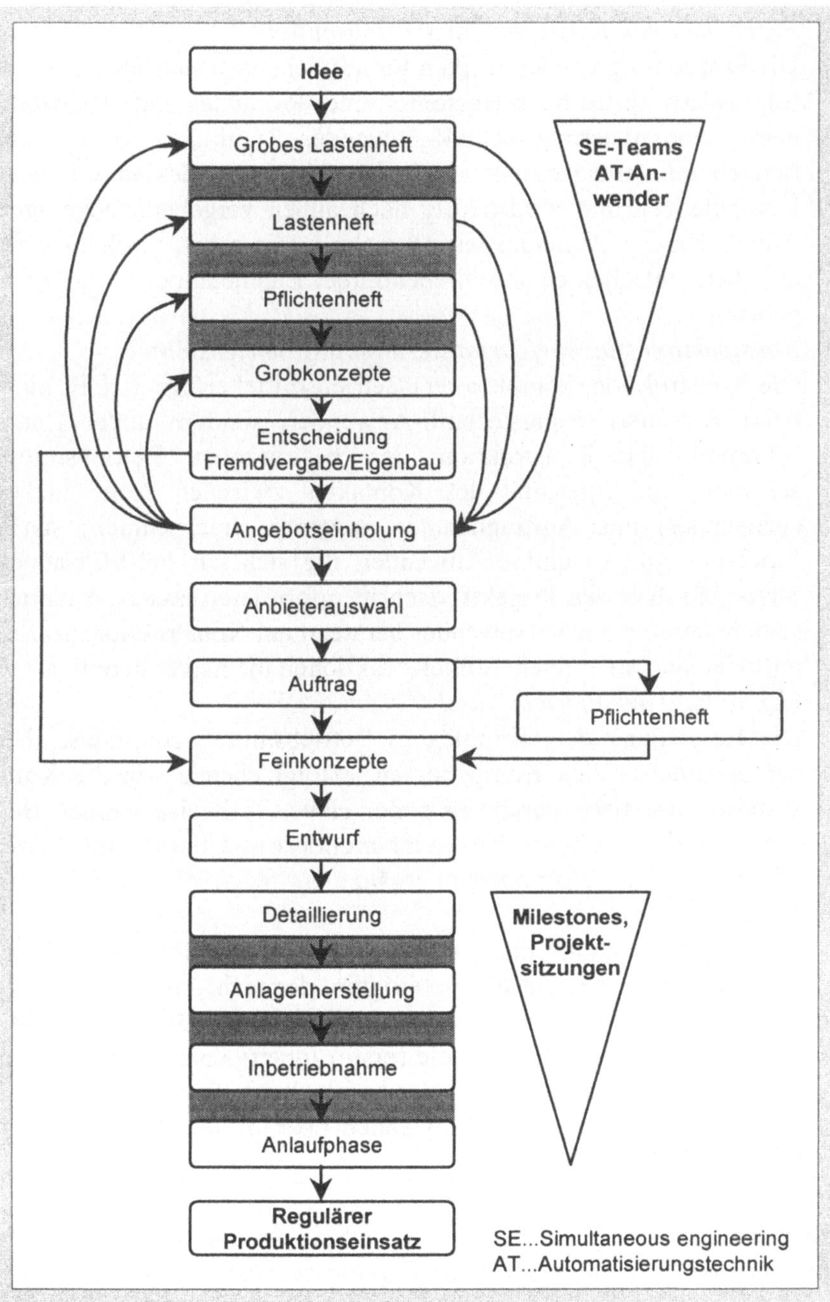

Abb. 6.1. In der Praxis ermittelte Abläufe bei Automatisierungsprojekten

- *Erarbeiten von Konzepten für Betriebsmittel*
  Die Erarbeitung von Konzepten für automatische Betriebsmittel erfolgt relativ selten beim Hersteller eines Produktes und gleichzeitigem Automatisierungstechnik-Anwender. Zumindest die Konzeption komplexerer Betriebsmittel übersteigt meist dessen In-house-Kompetenzen und wird häufig nach außen vergeben. Diejenigen Anwender von Automatisierungstechnik, die selbst Grobkonzepte erstellen, entscheiden anschließend über Eigenbau oder Fremdvergabe.

- *Konstruktion (Entwurf/Detaillierung) des Betriebsmittels*
  Die Konstruktion (komplexerer) Betriebsmittel erfolgt i. d. R. nicht beim Automatisierungstechnik-Anwender, sondern außer Haus. Während der Konstruktion der beauftragten Betriebsmittel schwankt die Intensität des Kontaktes zwischen Auftraggeber (Anwender) und Auftragnehmer (externes Unternehmen) stark. Einerseits gibt es einige Anwender, die sich nur bei Milestone-Sitzungen über den Projektfortschritt informieren lassen. Andererseits nehmen manche Anwender beratend am Konstruktionsprozeß teil oder sind an einigen Teilkonstruktionen intensiver beteiligt.

- *Herstellung der Betriebsmittel*
  Die Herstellung der (komplexen) Betriebsmittel, zumindest aber der anspruchsvollen Komponenten, erfolgt ebenso wie die Konstruktion praktisch durchweg außer Haus. Teilweise werden Betriebsmittel auch beim Anwender montiert und durch einfachere, selbst gefertigte Komponenten ergänzt.

- *Inbetriebnahme*
  Die Inbetriebnahme (automatischer) Betriebsmittel ist ein entscheidender Schritt für alle Beteiligten, der nicht immer reibungslos gelingt. Abhängig von der Art und Komplexität der Betriebsmittel ist zu entscheiden, ob die (erste) Inbetriebnahme noch beim Hersteller der Betriebsmittel oder bereits beim Anwender erfolgen soll. Die Meinungen der Anwender über dieses Thema gehen grundsätzlich auseinander.

Für die meisten Projekte ist typisch, daß sie unter großem Zeitdruck ablaufen und schnell umsetzbare Ergebnisse verlangt werden. Dies beschränkt den Innovationsgrad der zu entwickelnden Anlagen auf das unbedingt erforderliche Minimum und schließt häufig ausführliche Planungsphasen, z. B. die Erstellung eher grundlegender konzeptioneller Vorstudien, aus. Etwaige Mängel der Konstruktion werden deshalb erst während der Inbetriebnahme- bzw. Anlaufphase entdeckt. Letztlich führt eine zu kurze Entwicklungsphase in einigen Fällen zu unnötigen Anlaufschwierigkeiten und damit zu vermeidbaren Verzögerungen.

Aus Sicht der Anwender von Automatisierungstechnik gibt es im Verlauf von Automatisierungsprojekten unterschiedliche Hemmnisse bei der Zusammenarbeit mit externen Unternehmen. Die Angebotseinholung wird von einigen Gesprächspartnern aus Großunternehmen als problematisch eingeschätzt, da der Einkauf sowohl räumlich als auch fachlich (*„ nur Kaufleute "*) zu weit entfernt ist, wodurch zu lange Entscheidungswege mit zu vielen Hürden entstehen. Hiermit sind oft unnötige Zeitverluste verbunden, weil vor einer Auftragsvergabe von seiten der Produktion oder der Entwicklungsabteilung viel Überzeugungsarbeit zu leisten ist.

Als sehr hemmend erweist sich auch eine zu große Zahl beteiligter Projektpartner. Einer unserer Gesprächspartner beschrieb dies sehr drastisch: *„Mehr als fünf an einem Projekt beteiligte Unternehmen sind nicht mehr beherrschbar. "* Viele Anwender von Automatisierungstechnik vergeben deshalb Projekte nur noch an einen Generalunternehmer, um nur einen einzigen Ansprechpartner zu haben.

Und noch eine weitere Problematik kommt im Verlauf von so manchem Automatisierungsprojekt hinzu. Etwa 10% der untersuchten Anwender von Automatisierungstechnik gaben an, während eines Projektes – z. T. mehrfach – von Konkursen der beauftragten Unternehmen betroffen worden zu sein. Fast ausnahmslos handelte es sich dabei um Softwareunternehmen, die typischerweise über sehr wenige Mitarbeiter und eine dünne Eigenkapitaldecke verfügen. Dies verursachte in einzelnen Fällen erhebliche Zusatzkosten, beispielsweise durch Beauftragung anderer Softwareunternehmen zur Fertigstellung der Software. Ein Hersteller von Meßgeräten mußte gar noch einen Schritt weiter gehen. Mitten in einem Automatisierungsprojekt ging einer der Auftragnehmer, ein Softwarehersteller, in Konkurs. Der Meßgerätehersteller übernahm sämtliche Verbindlichkeiten, um sein Automatisierungsprojekt zu retten. Seitdem arbeitet der Hersteller bei größeren Projekten nur noch nach voriger Schufa-Auskunft mit externen Unternehmen zusammen.

Schwachstellen im Projektmanagement

Der große Einfluß des Projektmanagements auf den Erfolg von Automatisierungsprojekten wurde bereits in Kap. 5 nachgewiesen. An dieser Stelle soll jedoch nicht auf das Grundsätzliche des Projektmanagements eingegangen werden. Hierüber ist ausreichend Literatur vorhanden. Es gibt aber einige Aspekte, die in der Praxis besonders wichtig sind und zu wenig Beachtung finden.

Besonders bei umfangreichen Projekten besteht, das zeigt sich in der Praxis überdeutlich, ein direkter Zusammenhang zwischen dem Projekterfolg und der Unterstützung durch das Topmanagement. Steht das Topmanagement nicht voll hinter einem Projekt, so demotiviert dies grundsätzlich alle am Projekt direkt Beteiligten. Wenn das obere Management vom Projekt nicht überzeugt ist, wie sollen es dann erst die Mitglieder des Projektteams sein?

Treten während eines Projektes ernste Probleme auf, so erwarten die Mitglieder eines Projektteams, daß ihnen der „Rücken gestärkt" wird und auf höherer Hierarchieebene Hindernisse aus dem Weg geräumt werden.

Auch in den normalen Projektablauf müssen Mitglieder des Topmanagements stärker, als es derzeit meist der Fall ist, eingebunden werden. Die Teilnahme an für das Team wichtigen Projektsitzungen, das Einbringen eigener Ideen und das Schaffen neuer Kontakte auf Wunsch des Projektteams sollten eigentlich selbstverständlich sein. Allerdings bedeutet das nicht, daß die Mitglieder des Topmanagements nur „Dienstleister" für das Projektteam sein sollen. Vielmehr müssen sie auch ihre „klassischen" Aufgaben der Führung und Kontrolle stärker wahrnehmen. Es ist bezeichnend, wenn selbst Projektleiter und Führungskräfte des mittleren Managements eine bessere Erfolgskontrolle ihrer eigenen Arbeit (Einhalten der Zeitpläne, Nachkalkulation) anmahnen.

Auf die Notwendigkeit einer simultanen Entwicklung von Produkten, Prozessen und Betriebsmitteln wurde bereits hingewiesen. Aber es kommen noch weitere Einflüsse auf den Projektablauf hinzu. Im Unternehmen gibt es, neben den normalerweise mit den Entwicklungsaufgaben befaßten Abteilungen, weitere Abteilungen, die ebenfalls mit ihren Erfahrungen und Forderungen den Entwicklungsprozeß beeinflussen. In erster Linie betrifft dies Vertrieb, Einkauf und Kundenservice. Zusätzlich wirken von „außen" Kunden und Lieferanten auf die unterschiedlichsten Abteilungen ein.

Um trotz der zahlreichen Einflüsse optimale Entwicklungsergebnisse zu erzielen, wird schon seit Jahren sowohl von Wissenschaftlern als auch von erfahrenen Praktikern eine breitere und engere Zusammenarbeit propagiert. Eines der bekanntesten Beispiele hierfür ist die Managementphilosophie des *Simultaneous engineering* (Abb. 6.2). Und tatsächlich gibt es kaum ein Unternehmen, das nicht von sich behauptet, Simultaneous engineering zu betreiben. Doch wie sieht das in der Praxis aus? Die Erfahrung aus unterschiedlichen Projekten zeigt, daß Simultaneous engineering oft nur aus in ein- bis sechswöchigem Abstand stattfindenden Gesprächsrunden von Vertretern der unterschiedlichsten Unternehmensbereiche besteht. Kunden oder Lieferanten werden in vielen Fällen entweder gar nicht oder nur sehr schwach integriert. Die Vertreter der Entwicklungs- und Konstruktionsabteilungen sind in der Zwischenzeit weitgehend auf sich allein gestellt. Erstaunlicherweise arbeiten sie auch innerhalb ihrer Abteilungen an den zu lösenden Teilaufgaben weitgehend allein, also nicht im Team.

Die Anwendung bzw. Integration von Hilfsmitteln als wichtige Elemente des Simultaneous engineering (Abb. 6.3) wird oft unterlassen. Dabei können diese Kreativität, Lösungsfindung und -bewertung sinnvoll unterstützen. Doch nur erstaunlich wenigen Unternehmen gelingt es, Hilfsmittel wie

- Quality function deployment (QFD),
- morphologische Kästen,
- unternehmensspezifische Lösungssammlungen,
- Fehlermöglichkeits- und -einflußanalyse (FMEA),
- Finite-Elemente-Methode (FEM),
- Simulationssoftware

usw. in den Entwicklungsprozeß einzugliedern und dort sinnvoll anzuwenden.

Die Gründe hierfür sind meist schnell ausgemacht: Zeitmangel (teilweise selbstverschuldet), mangelnde Kenntnis der einzelnen Hilfsmittel und ihres Nutzens sowie die prinzipielle Abneigung gegen alles, was an der Kompetenz der Entwickler zu rütteln scheint. Die Potentiale, die hier bestehen, werden häufig erst bei gemeinsamen Projekten mit externen Beratern erkannt.

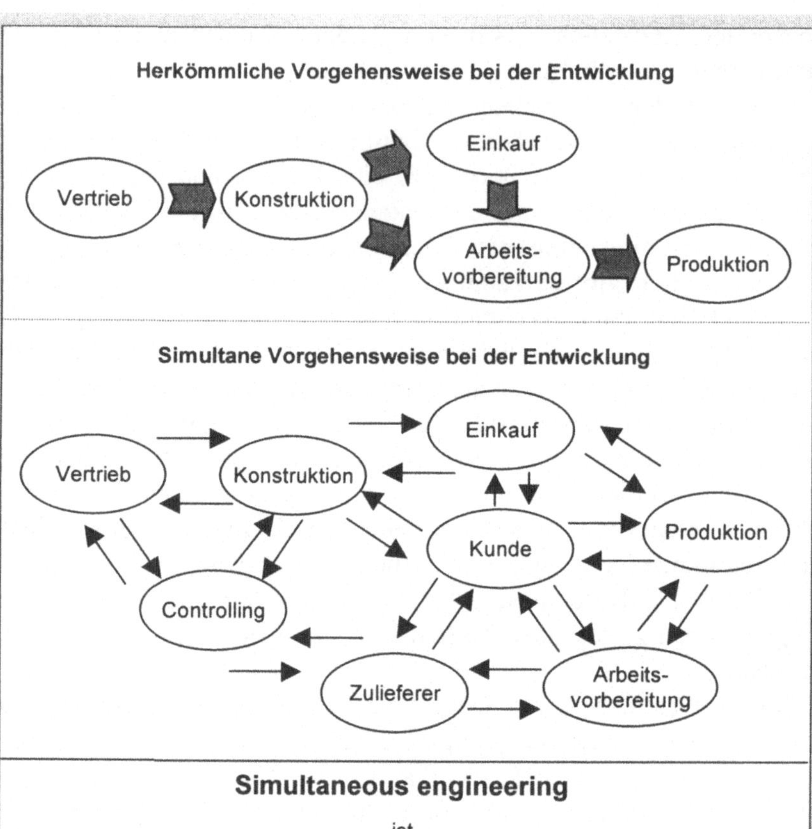

Abb. 6.2. Definition des Simultaneous engineering

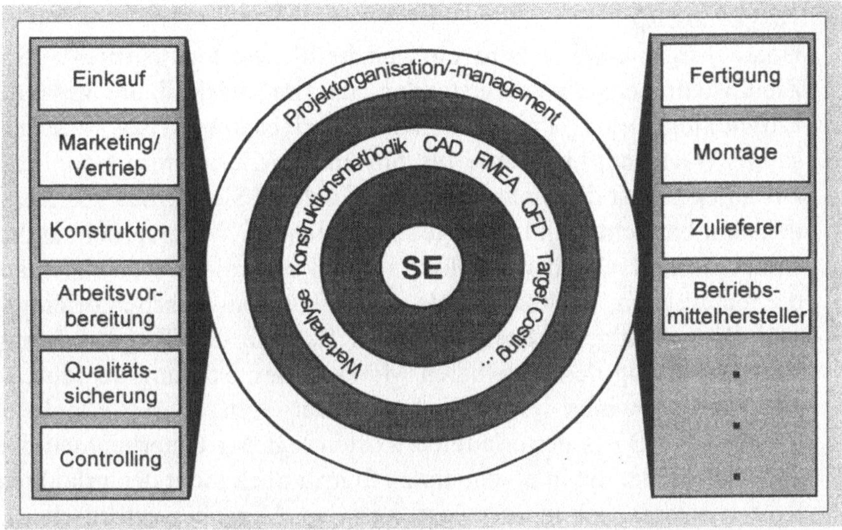

Abb. 6.3. Hilfsmittel und Projektorganisation/-management als gleichberechtigte Elemente des Simultaneous engineering

Aufgrund ihrer Bedeutung für die Praxis und ihrer noch zu geringen Verbreitung werden im folgenden beispielhaft einige Hilfsmittel kurz beschrieben (vgl. [1-8]).

- *Quality function deployment (QFD)*
  QFD ist ein Leitfaden, um anhand eines mehrstufigen Prozesses die Anforderungen der Kunden systematisch in den Produktentstehungsprozeß, in Produkte und Betriebsmittel usw. umzusetzen. Voraussetzung für QFD ist die Kenntnis oder eine Abschätzung der wichtigsten Anforderungen (Kundenwünsche) der jeweiligen Zielgruppe. Mittels mehrerer Matrizen – jede wird aufgrund ihrer zeichnerischen Darstellung auch als „House of quality" bezeichnet – werden jeweils Eingangsgrößen („Was wird gefordert"?) in Ausgangsgrößen („Wie werden die Forderungen erfüllt?") umgewandelt. Eingangs- und Ausgangsgrößen sind jeweils zu gewichten. Die wichtigsten Ausgangsgrößen einer Matrix stellen die Eingangsgrößen für die Matrix des nächsten QFD-Schrittes dar. Am Ende des QFD-Prozesses erhält man strukturierte und gewichtete Listen mit Anforderungen und Lösungen im gewünschten Detaillierungsgrad.

- *Target costing*

  Unter Target costing wird ein ganzheitliches, kundenorientiertes Zielkostenmanagement verstanden, das im Idealfall die gesamte Entwicklung eines Produktes oder Betriebsmittels bzw. die gesamte Wertschöpfungskette bis hin zu den Zulieferern optimiert. Grundlegend ist die Sichtweise auf „Kosten". Sie werden aus Kundensicht betrachtet und bewertet. Dies steht im Widerspruch zu der früher vorherrschenden Denkweise, daß sich die Kosten eher an der technischen Machbarkeit als an den Kundenwünschen orientieren. Die wichtigsten übergeordneten Schritte des Target costing sind Ermittlung des erzielbaren Marktpreises, Planung des durchsetzbaren Gewinns und Errechnung der vom Markt erlaubten Kosten. Auf Basis der erlaubten Kosten legt das Unternehmen die Zielkosten fest, die in einem ersten Schritt noch nicht den erlaubten Kosten entsprechen müssen (ggf. iteratives Vorgehen erforderlich). Parallel dazu werden die prognostizierten Standardkosten auf Basis existierender Technologien usw. ermittelt. Durch Abgleich der Ziel- und der Standardkosten läßt sich der weitere Handlungsbedarf zur Kostensenkung festlegen.

- *Morphologischer Kasten*

  Der morphologische Kasten ist eine schematisierte, matrixartige Form der Darstellung von Lösungsprinzipien. Basierend auf der Funktionsstruktur eines Produktes oder Betriebsmittels werden jeder Funktion alternative Lösungen (Lösungsvarianten) in Form von groben Prinziplösungen zugeordnet. Durch Kombination unterschiedlicher Lösungsvarianten jeder einzelnen Funktion ergeben sich alternative Gesamtlösungen. Die Erarbeitung der Funktionsstruktur und der Lösungsvarianten erfolgt sinnvollerweise im Team.

- *Wertanalyse (WA)*

  Die Wertanalyse ist ein systematisches Vorgehen zur Lösung komplexer Probleme in allen Bereichen der Wirtschaft, Wissenschaft und Verwaltung. Nach heutigem Verständnis beschäftigt sich die WA nicht mehr nur mit der Wertverbesserung (z.B. durch kritische Analyse existierender Produkte), sondern auch mit der Wertgestaltung (z.B. Verbesserung bzw. Lösungsfindung für ein existierendes Produkt). WA wird im Team durchgeführt und folgt mehreren Grundschritten, die von der Projektvorbereitung bis zur

Verwirklichung der Lösungen reichen. Ein zentrales Element der WA ist das Denken in Funktionen und Kosten. Im Kern steht dahinter die Frage, ob die Kosten für den Funktionsträger (beispielsweise eine mechanische Baugruppe) einer bestimmten Teilfunktion in etwa der Bedeutung der Teilfunktion an der Gesamtfunktion eines Produktes, einer Dienstleistung usw. entsprechen, oder ob der Funktionsträger zu hohe anteilige Kosten verursacht. Sollte das der Fall sein, müssen geeignete Maßnahmen zur Funktionsänderung oder Kostensenkung bei den Funktionsträgern eingeleitet werden.

- *Fehlermöglichkeits- und -einflußanalyse (FMEA)*
  Die FMEA ist ein Hilfsmittel zur präventiven Qualitätssicherung. Das Ziel der FMEA ist die systematische Ermittlung möglicher Fehler, ihrer Ursachen und Auswirkungen bei technischen Systemen (Produkte, Betriebsmittel, Prozesse). Die Durchführung der FMEA erfolgt im Team und ist stark von den Fähigkeiten und Erfahrungen der Beteiligten sowie dem vom Management bewilligten Zeitaufwand abhängig. Die Wahrscheinlichkeit des Auftretens einer Fehlerursache, die Schwere der Auswirkung eines Fehlers und die Wahrscheinlichkeit der Entdeckung eines Fehlers bzw. einer Fehlerursache werden jeweils mit einer Zahl zwischen 1 und 10 bewertet. Das Produkt aller drei Faktoren ergibt die sog. Risikoprioritätszahl (RPZ) als Maß für das Gesamtrisiko der jeweiligen Ursache-Wirkungskette. Je nach Größe der RPZ sind geeignete Abhilfemaßnahmen zu ergreifen, wie z.B. konstruktive Änderungen oder eine verbesserte Prüfbarkeit in der Produktion. Jede eingeführte Maßnahme muß anschließend nochmals einer Risikobewertung unterzogen werden. Für die Durchführung einer FMEA gibt es spezielle Formblätter.

Wird Simultaneous engineering im Unternehmen eingeführt und konsequent angewendet, so sind die damit erzielbaren Erfolge oft verblüffend. Es ist nicht ungewöhnlich, daß sich Entwicklungszeiten um die Hälfte und mehr verkürzen und Kosteneinsparungen von einem Drittel und mehr erzielt werden. In der Literatur finden sich hierfür zahlreiche Beispiele. An dieser Stelle werden die mit Simultaneous engineering erzielbaren Erfolge am Beispiel großer deutscher Roboterhersteller kurz umrissen.

Die Hersteller erkannten Anfang der 90er Jahre, daß ihre Roboter-
systeme nur dann eine weitere Verbreitung erzielen können, wenn
sich diese mehr an den Anforderungen und Möglichkeiten der Kunden
orientieren. Obwohl die Roboter überwiegend von guter Qualität waren, entsprachen sie in vielen Fällen nicht den Wünschen potentieller
Kunden und konnten mit einigen anderen Automatisierungslösungen
preislich nicht konkurrieren. Die Roboter waren zu unkomfortabel
und zu komplex in der Bedienung, sie waren zu schwer und zu teuer,
bestanden aus zu vielen Einzelteilen und verfügten z.T. über nicht
marktgerechte Nutzlasten. Durch konsequente Anwendung von
Simultaneous engineering, d.h. einschließlich der Anwendung von
Hilfsmitteln wie Target costing, der Finite-Elemente-Methode oder
CAD-Technologien, gelangen den Roboterherstellern erstaunliche
Entwicklungssprünge. Die Entwicklungszeiten konnten bei großen
Knickarm-Robotern praktisch halbiert werden (bis zu weit unter ei-
nem Jahr), und die Kosten sanken bei konstant hoher Qualität um
40 % und mehr. Die neuen Roboter sind trotz vergleichbarer Nutzlast
leichter, bestehen aus weit weniger Einzelteilen und weisen zahlreiche
Innovationen auf. Die Produktionsstückzahlen steigen seitdem stark an.

Typische Schwachstellen bei der Produktgestaltung

In der Praxis stößt man immer wieder auf dieselben Denk- und
Handlungsfehler der an einem Entwicklungsvorhaben beteiligten Personen. Deshalb sollen an dieser Stelle einige wenige zentrale Themen
etwas näher erörtert werden.

In Kap. 2 wurde bereits darauf hingewiesen, daß immer genau ab-
zuschätzen ist, an welcher Stelle im Produktentwicklungs- oder Produktionsprozeß man bei einer bestimmten Aufgabenstellung ansetzt
und welche Wirkung dabei erzielt wird. Dies ist besonders bei der
Automatisierung der Produktion von Bedeutung.

Was hilft es, mit großem Aufwand die Produktion zu automatisieren, wenn das Produkt hinsichtlich der Herstellbarkeit noch nicht
optimiert wurde? Die Entwicklungs-/Konstruktionsabteilungen beeinflussen etwa 70 % der Selbstkosten eines Produktes. Der Einfluß der
Produktion und der Arbeitsvorbereitung auf die Selbstkosten ist im
Vergleich dazu bestenfalls halb so groß [9]. Und nur an diesem Teil
der Selbstkosten können mit einer Automatisierung der Produktions-

prozesse Einsparungen erzielt werden. Im Gegensatz dazu sind bei der *Entwicklung* eines Produktes mit einem geringeren Aufwand oft wesentlich größere Einsparungen erzielbar.

Eine grundlegende Maßnahme lautet deshalb: *Produktvereinfachung* vor *Produktionsautomatisierung*. Einfache Produkte bestehen oft aus weniger Teilen und können mit weniger, einfacheren und stabileren Prozessen hergestellt werden. Manche Gesprächspartner berichteten von ihren positiven Erfahrungen nach einem radikalen Redesign bestehender Produkte. So entfielen in einigen Fällen Prozesse vollständig oder wurden so sehr vereinfacht, daß sich eine Automatisierung nicht mehr lohnte. Die verbliebenen Prozesse dagegen konnten funktionssicherer und kostengünstiger automatisiert werden.

Interessant ist auch der Zusammenhang zwischen Einfachheit der Produkte und der Verwendung von Computer aided design (CAD). Laut einer Studie [10] setzen erfolgreiche Maschinenbauer CAD nur ein, wenn sie die Produktstandardisierung – eine wichtige Maßnahme der *Einfachheit* – weit vorangetrieben haben bzw. voranbringen können. Gelingt ihnen keine ausreichende Standardisierung, sind sie mit dem CAD-Einsatz sehr zurückhaltend.

Einfachheit bedeutet im Idealfall auch, nur eine geringe Zahl von Varianten eines Produkte zuzulassen. Allerdings ist dies oft schwer zu verwirklichen, denn der aktuelle Zeitgeschmack der Individualisierung fordert genau das Gegenteil. Wenn sich Varianten nicht vermeiden lassen, sollten sie daher so spät als möglich im Wertschöpfungsprozeß entstehen (beispielsweise erst in der End- anstatt in der Vormontage). Generell sind Varianten immer dann zu vermeiden, wenn sie für den Kunden nicht sichtbar sind oder keinen signifikanten Zusatznutzen erbringen.

Das Problem der zu großen Zahl an Produktvarianten existiert häufig im Verborgenen und stellt eines der meist unterschätzten Probleme dar. In überraschend vielen Unternehmen gibt es eine enorme, oft kontinuierlich wachsende Zahl an Varianten bei Produkten und Produktkomponenten. Bei einem untersuchten Werkzeugmaschinenhersteller entstehen z.B. jedes Jahr mehr als 25.000 neue Teilenummern! Ein Großteil dieser Nummern bezieht sich auf Produktvarianten und auf Varianten von Produktkomponenten. Entwicklung, Pflege und Herstellung dieser Varianten erfordern teilweise Zusatzkapazitäten (Personal, Datenverarbeitung usw.) oder blockieren zumindest wertvolle Kapazitäten im Unternehmen. Die hierdurch verursachten Kosten sind erheblich und vielen Unternehmen meist nicht in vollem Umfang bekannt, da ihre Ermittlung i. d. R. schwierig ist. Die Kosten entstehen, teilweise verdeckt, überwiegend in den indirekten Bereichen wie Einkauf, Controlling, Entwicklung oder Arbeitsvorbereitung. Nach [11, 12] bewirkt eine Verdoppelung der Variantenzahl eine Steigerung der Stückkosten um 20 bis 30%. Bei dem oben erwähnten Werkzeugmaschinenhersteller betragen die „Einführungskosten" je Neuteil 600 DM, wogegen mit jeder wegfallenden Variante 1.000 DM eingespart werden könnten. Bei variantenreichen Produktspektren oder Produktkomponentenspektren ist deshalb eine Überprüfung und Reduktion der Variantenzahl äußerst empfehlenswert. In der Regel ist dies eine „politische" Entscheidung, die von der Unternehmensführung zu treffen ist. Die Marschroute, nicht *jeder* individuellen Marktforderung nachzukommen, kann nicht nur (indirekte) Kosten sparen, sondern auch – durch geringeren „Ballast" – die Leistungsfähigkeit der Entwicklungsabteilungen steigern.

Fazit

In den Unternehmen gibt es bei der Projektplanung noch einiges zu verbessern. Ein typisches Problem stellt die getrennte Betrachtung und Entwicklung von Produkten und Betriebsmitteln dar. Häufig werden Betriebsmittelentwickler mit einem fertigen Produkt konfrontiert. Diesem mangelt es dann typischerweise an einer automatisierungsgerechten Gestaltung. Die Konseqenzen können längere Entwicklungs- und Implementierungszeiten, erhöhte Investitionskosten für die Betriebsmittel, eine geringere Funktionssicherheit, eine unbefriedigende Produktqualität usw. sein.

Um diese Probleme zu umgehen und die Einflüsse des Marktes verstärkt zu berücksichtigen, empfiehlt sich eine enge, kontinuierliche Zusammenarbeit aller Betroffener. Als Hilfsmittel steht hierfür die Managementphilosophie des Simultaneous engineering (SE) zur Verfügung.

Tatsächlich behaupten viele Unternehmen, SE zu praktizieren. Einer näheren Untersuchung hält diese Behauptung allerdings oft nicht stand. Häufig wird SE nur in Form lockerer Gesprächsrunden und nur zwischen einem Teil der Betroffenen angewendet. Es mangelt nicht nur an der zu geringen Zahl eingebundener Personen, sondern auch an einer zu geringen Intensität der Zusammenarbeit. Ebenfalls als nachteilig erweist sich die mangelnde Nutzung von Hilfsmitteln wie Quality function deployment (QFD), Wertanalyse (WA) oder Fehlermöglichkeits- und -einflußanalyse (FMEA).

Weitere Schwachstellen der Betriebsmittelplanung sind die mangelnde Vereinfachung von Produkten vor der Entwicklung automatischer Betriebsmittel sowie die zu große Variantenvielfalt in den Unternehmen.

Literatur

1 Rommel, G., Brück, F., Diederichs, R., Kempis, R.-D., Kaas, H.-W., Fuhry, G., Kurfess, V.: Qualität gewinnt: Mit Hochleistungskultur und Kundennutzen an die Weltspitze. Stuttgart: Schäffer-Poeschel, 1995

2 Akao, Y.: QFD: Quality Function Deployment: Wie die Japaner Kundenwünsche umsetzen. Landsberg: moderne industrie, 1992

3 Zwicky, F.: Entdecken, Erfinden, Forschen im morphologischen Weltbild. Taschenbuch 264. München, Zürich: Droemer Knaur, 1971

4 Bullinger, H.-J., Warschat, J., Frech, J.: Kostengerechte Produktentwicklung: Target Costing und Wertanalyse im Vergleich. VDI-Z 136 (1994), Nr. 10, S. 73-81

5 DIN 69910: Wertanalyse. Berlin: Beuth, 1987

6 Schneider-Winden, K.: Industrielle Planungstechniken: eine Einführung. Düsseldorf: VDI, 1992

7 Verband der Automobilindustrie e.V.: Sicherung der Qualität vor Serieneinsatz. 2. Auflage, Frankfurt/Main: Eigenverlag, 1986

8 Franke, W. D.: Fehlermöglichkeits- und -einflußanalyse in der industriellen Praxis. Landsberg: moderne industrie, 1987

9 Richtline VDI 2235: Wirtschaftliche Entscheidungen beim Konstruieren: Methoden und Hilfen. Düsseldorf: VDI, 1987

10 Rommel, G., Brück, F., Diederichs, R., Kempis, R.-D., Kluge, J.: Einfach überlegen: Das Unternehmenskonzept, das die Schlanken schlank und die Schnellen schnell macht. Stuttgart: Schäffer-Poeschel, 1993

11 Wildemann, H.: Kostengünstiges Variantenmanagement. io Managementzeitschrift 59 (1990), Nr. 11, S. 37-41

12 Wildemann, H.: Höhere Variantenvielfalt ohne Kostenexplosion: Wege zu einem effizienten „Variantenmanagement" / Vielfalt der Ansätze. Blick durch die Wirtschaft – Beilage zur Frankfurter Allgemeinen Zeitung, Band 33 (1990), Heft 171, S. 7

7 Defizite in der Automatisierungstechnik: Wo gibt es noch Probleme?

*„An Grenzen sind wir eigentlich
selten gestoßen. "*

In den vorausgegangenen Kapiteln war die Betrachtung von „Automatisierung" vor allem unter Anwendungsgesichtspunkten ein Schwerpunkt. Im folgenden sollen einzelne Automatisierung*stechnologien* näher untersucht werden. Schließlich sind es die Möglichkeiten (und Grenzen) dieser Technologien, die den grundsätzlichen Rahmen für Automatisierungsprojekte in produzierenden Unternehmen abstecken. Ihre Kenntnis ist eine wesentliche Grundlage, um auch in Zukunft das zur Verfügung stehende Technologiepotential richtig einschätzen und nutzen zu können. Sechs Technologiefelder werden näher untersucht:

- Robotertechnik,
- Montagetechnik,
- Materialflußtechnik (im engeren Sinne: Fördern oder Transportieren, Kommissionieren, Lagern),
- Verpackungstechnik,
- Steuerungs-/Regelungstechnik und
- Sensortechnik.

Bevor weiter unten die Defizite näher betrachtet werden, zunächst noch einige Erläuterungen zu den Technologiefeldern. Die Stellung der Technologiefelder und ihre Aufgaben in der Produktion zeigt Abb. 7.1. Das Technologiefeld *Fertigungstechnik* ist zwar ein wesentlicher Teil der Produktion, wird jedoch in diesem Zusammenhang nicht betrachtet. Fertigungsprozesse, hier als spanlose, spanende sowie verfahrenstechnische und chemische/physikalische Prozesse verstanden, sind i. d. R. seit langem hoch automatisiert. Man denke nur an Fertigungszentren zur spanenden Bearbeitung, an Pressen oder Schmelzöfen. Deshalb steht hier Automatisierung als Problemfeld weniger im Vordergrund. Im Gegensatz dazu sind *Handhabungsauf-*

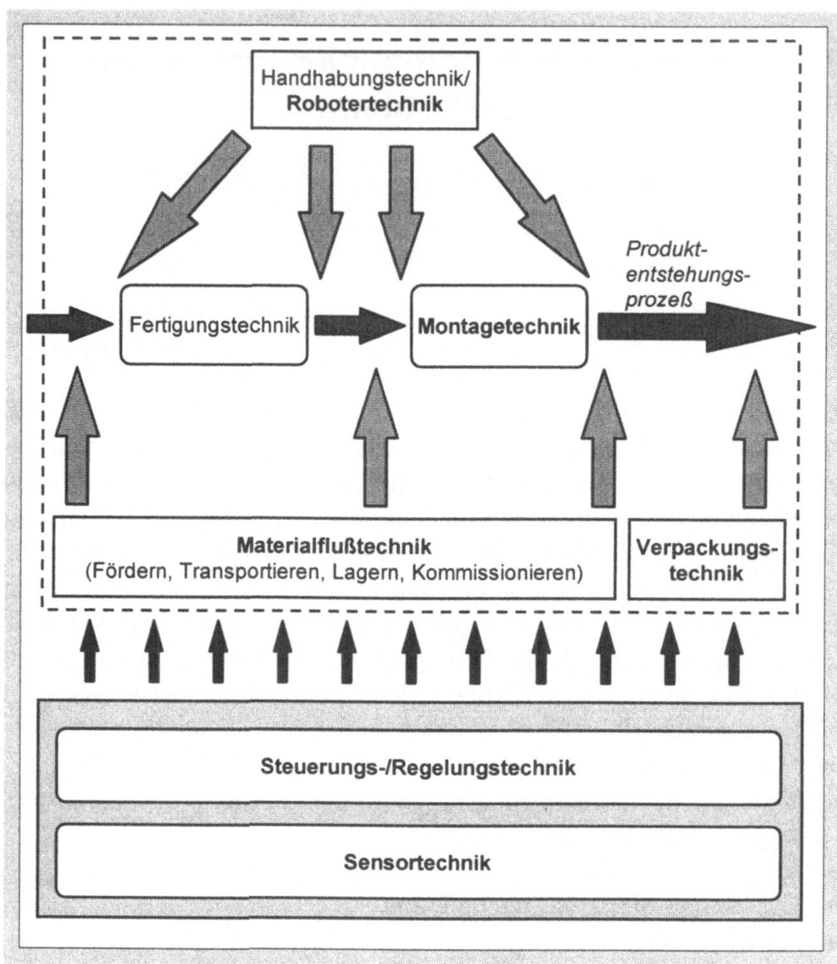

Abb. 7.1. Technologiefelder in der Produktion

gaben wie das *flexible* Zuführen und Weiterleiten von Rohstoffen, Zwischenprodukten usw. bei Fertigungsanlagen in wesentlich geringerem Umfang automatisiert.

Sind Teile oder Zwischenprodukte gefertigt, so durchlaufen sie noch weitere Bereiche eines Unternehmens, wie z.B. den Montage- oder Lagerbereich. Außer bei Produkten, die in einer geringen Variantenvielfalt und in großen Mengen hergestellt werden, gibt es bei der Automatisierung der notwendigen *Materialflußaufgaben* immer noch viele Automatisierungshemmnisse. Kritische Anforderungen und Randbedingungen, wie sehr unterschiedliche Bauteilabmessungen und Formstabilitäten, geringe bis mittlere Materialflußintensitäten, hohe räumliche Flexibilität bzgl. Übergabepunkten und „Fahren" im Produktmix, seien hier beispielhaft genannt.

Ähnliche Automatisierungshemmnisse wie beim Materialfluß gibt es auch in der *Montage*, die ein großes Automatisierungspotential aufweist. Je nach Branche schwankt der Automatisierungsgrad zwischen 15 und 40 % [1] und erreicht nur in Einzelfällen wesentlich höhere Werte. Obwohl schon seit Jahren ein stark steigender Automatisierungsgrad prophezeit wird, bleibt das tatsächliche Automatisierungsniveau hinter den Erwartungen zurück. Wie erklären sich diese Fehlprognosen?

Die Montageautomatisierung erfordert ein Zusammentreffen vieler positiver Faktoren. Ideal sind möglichst formstabile und einfach gestaltete Bauteile, sehr große Lose, wenige Produktvarianten, automatisierungsgerechte Fügeprozesse, geringe Anforderungen an das Erkennen von Bauteilen usw. Nur dann läßt sich eine automatische Montage kostengünstig und mit hoher Verfügbarkeit realisieren. In der Praxis treffen diese Faktoren selten mit so positiven Ausprägungen zusammen. Als Folge davon sind die Unternehmen bei der Automatisierung ihrer Montage recht zurückhaltend. Dies gilt besonders dann, wenn „harte" Randbedingungen und Anforderungen, wie enger Bauraum oder hohe Umrüstflexibilität, hinzukommen.

Selbst am Ende eines Herstellungsprozesses, beim *Verpacken*, gibt es noch zahlreiche Automatisierungshemmnisse. Die Vielfalt der Produktformen und -abmessungen stellt hohe Anforderungen an die Flexibilität der automatischen Systeme. Bei empfindlichen Produkten oder bei starkem Produktmix werden deshalb, z. B. in der Nahrungs-/Genußmittelindustrie, Produkte vielfach noch von Hand in Verpackungshilfsmittel eingelegt.

Steuerungs-/Regelungstechnik und *Sensortechnik* nehmen im Rahmen der Untersuchung von Defiziten und Trends eine Sonderrolle ein. Einerseits sind sie unterstützende Technologien (Querschnittstechnologien) für die Roboter-, Montage-, Materialfluß- und Verpackungstechnik, da sie dort fast immer erforderlich und daher integriert sind. Nur durch eine maschinelle Steuerung oder Regelung können Abläufe selbsttätig ausgeführt werden. Des weiteren kann ein automatisches

System Einflüsse aus der Produktionsumgebung nur mittels Sensoren aufnehmen und verarbeiten. Andererseits sind Steuerungs-/Regelungstechnik und Sensortechnik ebenso eigenständige Technologiefelder mit spezifischen Defiziten und Trends wie z.B. die Robotertechnik.

Um die *Defizite* und *Trends* in den sechs Technologiefeldern zu ermitteln, wurde eine Umfrage unter Automatisierungstechnik-Herstellern durchgeführt. Die Ergebnisse hinsichtlich der Defizite werden in diesem Kapitel erläutert. Die ermittelten Trends dagegen sind Gegenstand von Kap. 8.

Die überraschend geringe Zahl an Nennungen von Defiziten in der Automatisierungstechnik entspricht der generellen Einschätzung der Anwender und der Hersteller von Automatisierungstechnik: Das Niveau der am Markt verfügbaren Technik ist sehr hoch. Viele Anwender können mit diesen Geräten „glücklich" werden. Ein Konstruktionsleiter formulierte das uns gegenüber so: *„An Grenzen sind wir eigentlich selten gestoßen."* Trotzdem gibt es natürlich einige Defizite, wie im folgenden gezeigt wird.

Übergeordnete Defizite

Aus den Umfragen zu den sechs Technologiefeldern lassen sich insgesamt vier übergeordnete Defizitgruppen ableiten (Abb. 7.2):
- Bedienung und Programmierung,
- sensorische Fähigkeiten,
- Schnittstellen und
- Flexibilität.

Die in diesen Gruppen zusammengefaßten, auffällig wenigen Defizite ziehen sich wie ein roter Faden durch die Umfrage und decken sich mit den Aussagen der von uns befragten Anwender von Automatisierungstechnik. Es ist erstaunlich, daß die meisten dieser Defizite schon seit langem bekannt und bis heute immer noch nicht gelöst sind.

Die *Bedienung* und *Programmierung* von Betriebsmitteln ist seit Jahren ein häufig diskutiertes Thema. Trotzdem ist die Bedienerfreundlichkeit noch lange nicht so weit fortgeschritten, wie es sein sollte. Von einer „intuitiven" Bedienung von Software oder Steuerungen kann noch immer keine Rede sein. Die meisten Softwareprogramme sind von ihrer Struktur her ebenfalls nicht optimal. Die Wie-

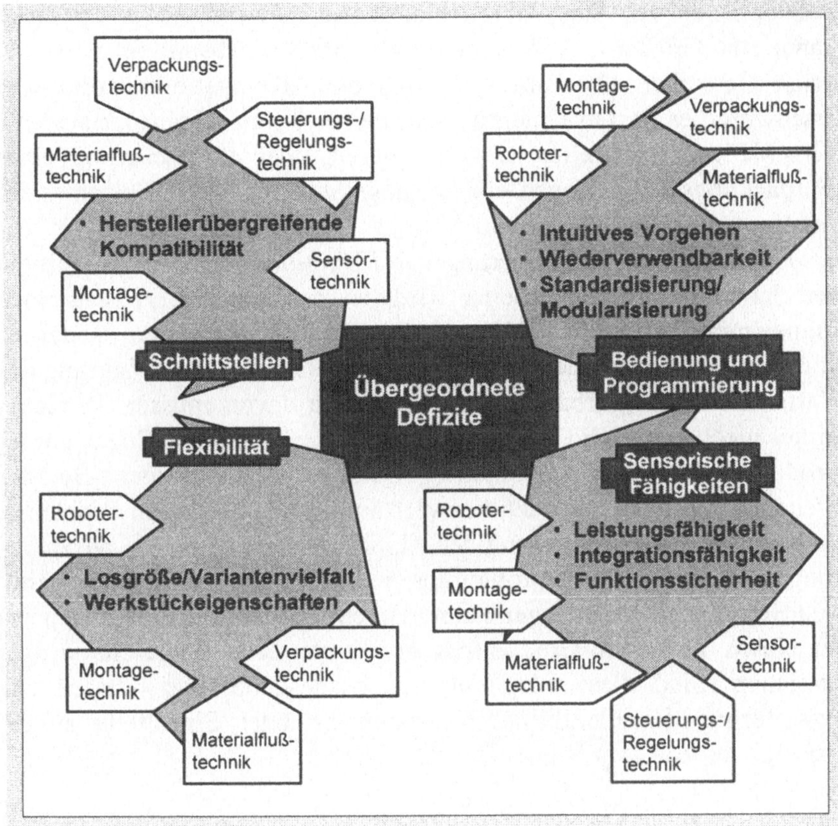

Abb. 7.2. Übergeordnete Defizite in den Technologiefeldern

derverwendbarkeit von Software und der Grad ihrer Standardisierung und Modularisierung werden auch von ihren Herstellern als noch nicht ausreichend empfunden.

Bei den *sensorischen Fähigkeiten* von Betriebsmitteln gibt es drei übergeordnete Einzeldefizite. Generell stellt die Leistungsfähigkeit von Sensoren (Empfindlichkeit, Signalaufbereitung usw.) die Anwender noch immer nicht zufrieden. Sie beklagen auch eine mangelnde Integrationsfähigkeit der Sensoren in andere Baugruppen bzw. in Aktoren. Die Funktionssicherheit von Sensoren ist bereits im Alltag, besonders aber unter ungünstigen Umgebungsbedingungen häufig ungenügend.

Schon seit den 80er Jahren klagen die Anwender über zu viele, kaum standardisierte *Schnittstellen* bei den Betriebsmitteln verschiedener Hersteller. Die daraus resultierenden Kompatibilitätsprobleme erschweren es in den Unternehmen, beispielsweise Transportsysteme verschiedener Hersteller zu kombinieren, oder die Steuerung einer Verpackungsanlage gegen ein leistungsfähigeres Modell eines anderen Herstellers auszutauschen.

Obwohl an der Verbesserung der *Flexibilität* von Betriebsmitteln seit Jahren intensiv gearbeitet wird, ist das erreichte Niveau noch immer nicht befriedigend. Hintergrund sind die bei vielen Produkten abnehmenden Losgrößen, was normalerweise mit einer Steigerung der Variantenvielfalt verbunden ist. Als Folge davon müssen Betriebsmittel mechanisch und steuerungstechnisch ein breiteres Spektrum an Produkteigenschaften (Geometrie, Masse usw.) bewältigen. Bei der Steuerungssoftware bereitet dies verständlicherweise kaum Probleme, da bei einer Parametrisierung der Algorithmen Änderungen an Steuerungsabläufen jederzeit problemlos möglich sind. Bei der Mechanik von Betriebsmitteln dagegen kann man eine höhere Flexibilität nur bis zu einem gewissen Grad durch erweiterte Einstellbereiche u. dgl. erreichen. Sind diese Möglichkeiten ausgeschöpft, so müssen zur Erweiterung der Flexibilität Komponenten oder Einzelteile ausgetauscht werden (Umrüsten).

Defizite in ausgewählten Feldern der Automatisierungstechnik

Robotertechnik

Bei Industrierobotern konnten keine signifikanten Defizite ermittelt werden. Dies kann durchaus als Indiz für den hohen Reifegrad dieser Technologie gewertet werden. Die gleichwohl vorhandenen Trends (s. Kap. 8) lassen allerdings den Schluß zu, daß dennoch ausreichend Entwicklungspotential vorhanden ist.

Die wenigen Defizite, die Roboterhersteller in Verbindung mit der Robotertechnik nennen, resultieren überwiegend aus den *automatisierungshemmenden Handhabungseigenschaften* der zu greifenden oder zu bearbeitenden Produkte. Ein Beispiel stellen sog. biegeschlaffe Produkte wie Kabel, Schläuche, Dichtungen oder Textilien dar. Ihre mangelnde Eigensteifigkeit führt zu übergroßen Form- und Lageabweichungen sowie schlechten Greif- und Bearbeitungseigenschaften.

Montagetechnik

Auch die Probleme der Montagetechnik resultieren überwiegend aus den Eigenschaften der zu montierenden Produkte (Abb. 7.3). Über 90 % der befragten Montagetechnikhersteller sehen in der mangelnden *montagegerechten Produktgestaltung* das Hauptmanko. Hierdurch können Abläufe entweder gar nicht oder nur mit großem Zusatzaufwand technisch realisiert werden. Die *große Variantenvielfalt* und die damit einhergehende *Verringerung der durchschnittlichen Losgröße* stehen bei der Nennung der Defizite an zweiter Stelle. Ihr negativer Einfluß auf die Montagetechnik betrifft in erster Linie die ständig steigenden Forderungen nach der Flexibilität von Montagesystemen.

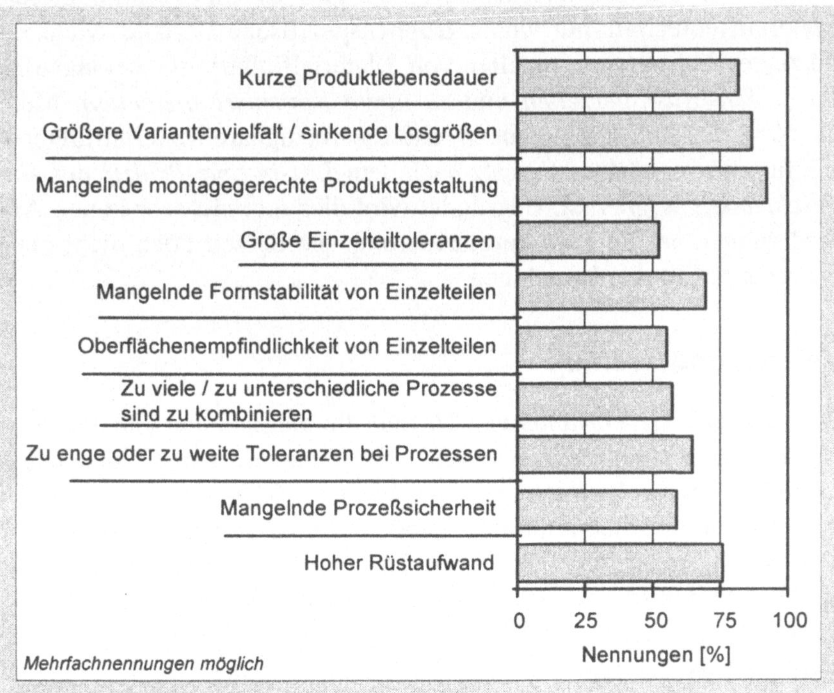

Abb. 7.3. Defizite in der Montagetechnik

Die Flexibilitätsanforderungen umfassen die Beherrschung variierender Produktgeometrien und -formen sowie variierender Montageabläufe.

Über 80 % der Befragten sehen in der teilweise sehr *kurzen Lebensdauer* von Produkten ein weiteres Hemmnis. Da nachfolgende Produktgenerationen sich von ihren Vorgängern typischerweise stark unterscheiden, gibt es auch hier Flexibilitätsanforderungen an die Montagetechnik, welche diese unter wirtschaftlichen Gesichtspunkten oft nicht erfüllen kann. Eine automatische Montage lohnt sich nur dann, wenn die Amortisationszeit maximal der Produktlebensdauer entspricht. Bei einer Produktlebensdauer von 18 Monaten und weniger – was immer häufiger vorkommt – ist die Automatisierung ein oft aussichtsloses Unterfangen.

Materialflußtechnik

Neben den übergeordneten Defiziten gibt es im Technologiefeld Materialflußtechnik nur wenig gruppenspezifische Defizite. Mehr als 50 % der befragten Hersteller von Materialflußtechnik beklagen *zu lange Ein-/Auslagerzeiten* und *zu lange Kommissionierzeiten*. Mehr als 60 % der Befragten glauben, daß die verfügbare Materialflußtechnik für den verstärkten Einsatz nach dem *Just-in-time-Prinzip* nur *eingeschränkt geeignet* ist. Begründet wird dies u.a. mit sehr hohen Anforderungen an die Fertigungssteuerung, die derzeit noch nicht ohne weiteres erfüllt werden können.

Verpackungstechnik

Die *zunehmende Variantenvielfalt* und die damit einhergehende *Verringerung der Losgrößen* bereitet auch Herstellern von Verpackungstechnik große Probleme (Abb. 7.4). Mehr als 85 % sehen dies als ein Automatisierungshemmnis an. Selbst wenn es gelingt, automatische Verpackungsmaschinen für ein breites Produktspektrum auszulegen, ist diese Flexibilität meist nur durch Umrüsten zu erreichen. Für über 75 % der Befragten stellt folgerichtig der hohe *Umrüstaufwand* an Verpackungsmaschinen ein erhebliches Manko dar. Ähnlich wie in der Montagetechnik ist die *Produktgestaltung* noch immer nicht zufriedenstellend. Etwa 65 % der Befragten geben an, daß die Gestal-

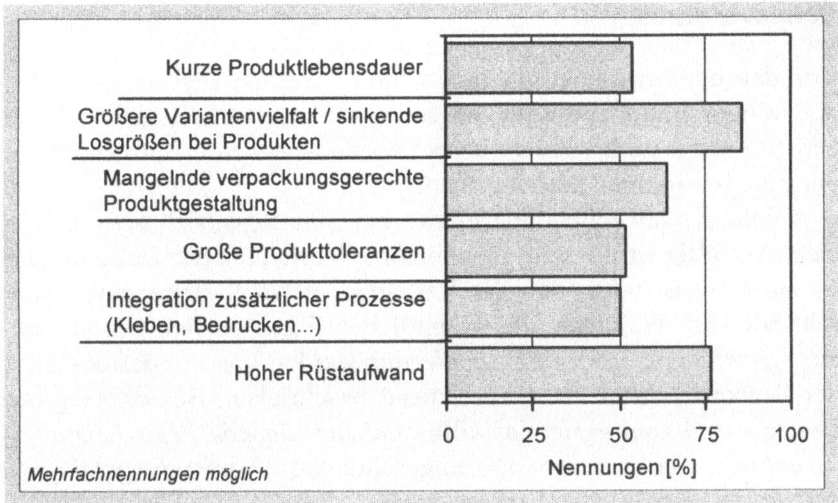

Abb. 7.4. Defizite in der Verpackungstechnik

tung der Produkte unter dem Gesichtspunkt des einfachen, sicheren und kostengünstigen Verpackens unzulänglich ist.

Steuerungs-/Regelungstechnik

Insgesamt wird der Steuerungs- und Regelungstechnik eine zu hohe *Komplexität* bescheinigt. Über 80% der befragten Hersteller sind selbst der Ansicht, daß ihre Software noch *unzureichend standardisiert* ist, was sich im praktischen Einsatz nachteilig auswirkt. Die *Vielfalt an BUS-Systemen*, aufgrund noch nicht ausreichend etablierter Standards, kritisieren ca. 70% der Hersteller. Ein weiteres wichtiges Defizit ist nach Meinung von mehr als 50% der Hersteller die zu häufige Installation von *Stand-alone-Lösungen*. Als Folge hiervon ergibt sich eine zu große Vielfalt an Schnittstellen und eine ungenügende Datendurchgängigkeit bei den Kunden.

Viele Probleme im Hard- und Softwarebereich werden letztlich durch Überstunden bei den Kunden, mit zusätzlichem Personal sowie durch Improvisationen („Bastellösungen") gelöst bzw. beherrscht. Die Kunden müssen dadurch jedoch vielfach Einschränkungen der Funktionalitäten in Kauf nehmen.

Sensortechnik

Von den beschriebenen übergeordneten Defiziten abgesehen, gibt es nur wenige Defizite, die für die gesamte Sensortechnik gelten. Wenn Defizite festgestellt werden, dann beziehen sie sich hauptsächlich auf ein ganz bestimmtes Sensorsystem.

Abbildung 7.5 zeigt die Defizite bei *„intelligenten" Sensorsystemen*. Auffällig ist die sehr gleichmäßige Verteilung der Defizite. Dies ist ein Beweis dafür, daß der Reifegrad dieser Systeme noch nicht sehr hoch ist. Praktisch alle wesentlichen Eigenschaften wie *Autonomie, Lernfähigkeit* oder *Fehlertoleranz* werden von mindestens 50% der Sensorhersteller als unzureichend beschrieben. Besonders große Defizite sind zum einen das völlig *unbefriedigende Preis-Leistungsverhältnis*, zum anderen die eingeschränkte *Entscheidungsfähigkeit* der zur Zeit erhältlichen Sensorsysteme.

Der Einsatz von Sensoren in der Produktion ist nicht immer problemlos. *Hitze, Feuchtigkeit, aggressive Substanzen* oder eine *schmutzige Einsatzumgebung* werden von bis zu 80% der Befragten als charakteristische Einsatzhemmnisse genannt (Abb. 7.6). Die „Robust-

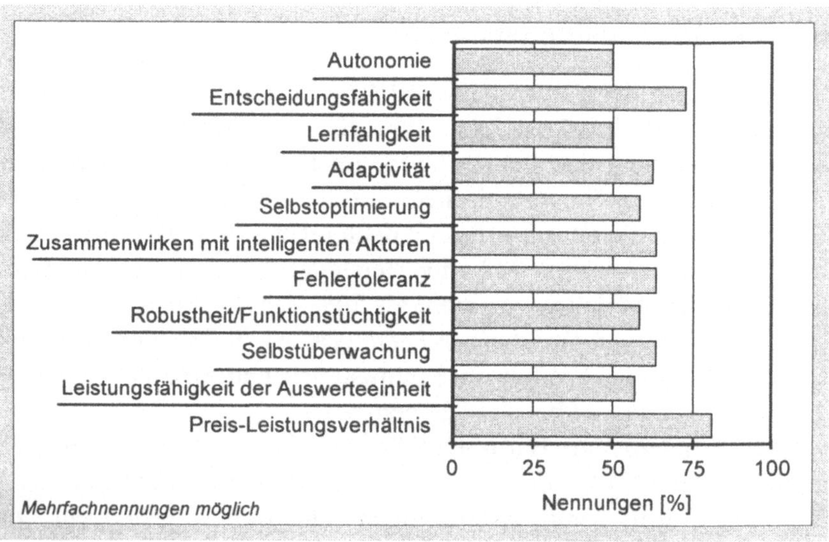

Abb. 7.5. Defizite in der Sensortechnik: „Intelligente" Systeme

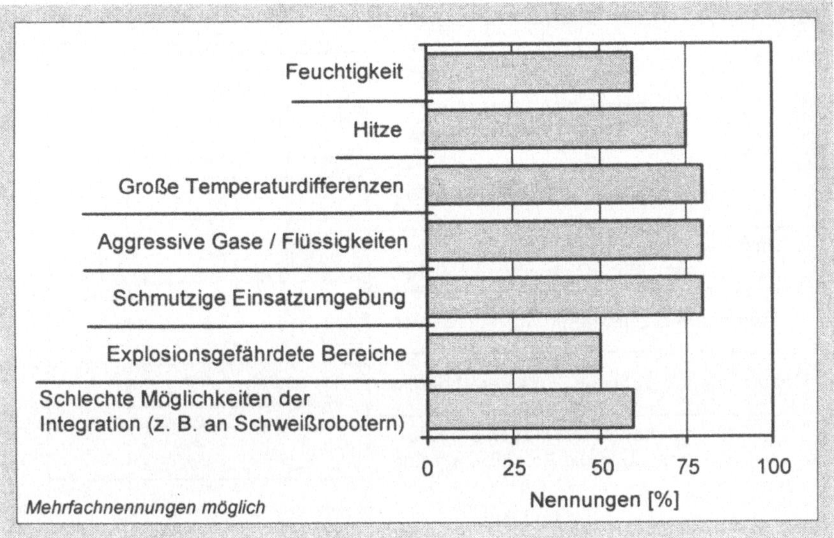

Abb. 7.6. Defizite der Sensortechnik: Einsatzhemmnisse

heit" von Sensoren ist deshalb noch lange nicht ausreichend und muß
weiter verbessert werden.

Obwohl *Bildverarbeitung* im industriellen Einsatz immer häufiger
vorkommt, bleibt auch bei diesem wichtigen Sensorsystem noch einiges zu tun, wie die Sensorhersteller selbst feststellen (Abb. 7.7). Etwa
95 % nennen als Hauptdefizit die *mangelnde Erkennungsfähigkeit* von
Objekten bei ungenügenden Kontrast- und Lichtverhältnissen. Tatsächlich sind uns beispielsweise bei Anwendern von Bildverarbeitungssystemen in Branchen wie der Glasverarbeitung oder der Spiel-
warenherstellung mehrere Fälle bekannt, in denen die Erkennung von
Oberflächenfehlern nicht in ausreichendem Umfang und mit akzeptabler Erkennungssicherheit möglich war. Besonders kritisch ist die
Situation bei Anwendern, die Fehler dicht unterhalb transparenter
Oberflächen automatisch erkennen wollen. Dies führte teilweise sogar
zum Abbau der automatischen Bildverarbeitung und zur Rückkehr zur
visuellen Prüfung durch den Menschen.

Weitere wichtige Defizite sind das *Preis-Leistungsverhältnis*, die
unzureichende Echtzeitfähigkeit, die *komplizierte Bedienung* sowie die
unzureichende Integration der Bildverarbeitung in Prozeßsteue-
rungen.

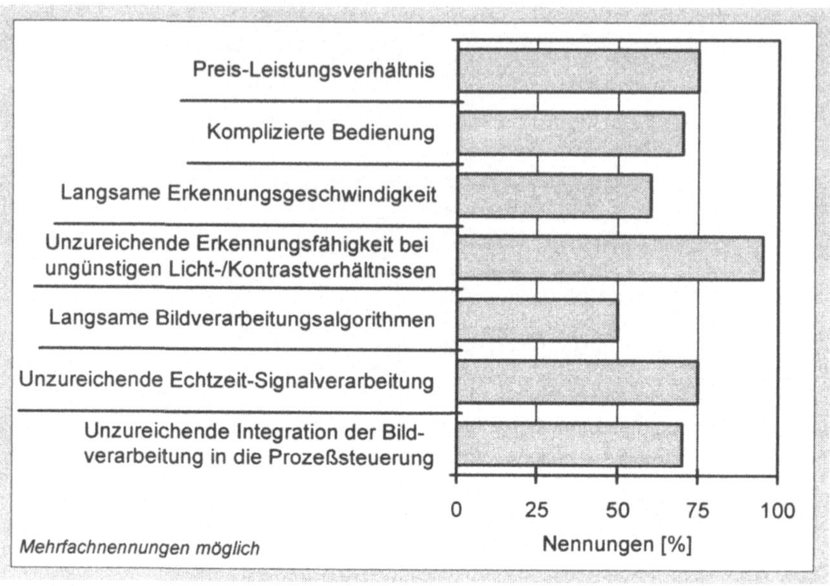

Abb. 7.7. Defizite der Sensortechnik: Bildverarbeitung

Fazit

Die untersuchten Technologiefelder der Automatisierungstechnik haben mittlerweile einen akzeptablen Reifegrad erreicht. Bei Standardanwendungen können viele Anwender ihren Bedarf am Markt mehr oder weniger problemlos decken. Gleichwohl gibt es einige übergreifende Defizite und viele Einzeldefizite in den verschiedenen untersuchten Technologiefeldern. Manche davon, wie z. B. Kompatibilitätsprobleme oder eine mangelnde Benutzerfreundlichkeit, sind selbstverschuldet und hätten schon längst beseitigt werden müssen. Andere wiederum, beispielsweise die mangelnde Flexibilität bzgl. Produktvarianten, sind technisch wesentlich schwieriger zu lösen. So manches Flexibilitätsproblem ließe sich allerdings besser beherrschen, wenn Produkt- und Betriebsmittelentwickler enger zusammenarbeiten würden. In Zukunft bleibt also noch genug zu tun, wie auch das nachfolgende Kapitel über die Trends zeigen wird.

Literatur

1   Schmaus. T. et al.: Strategische Maßnahmen zur Sicherung der Wettbewerbs-
    fähigkeit. Studie des Fraunhofer-Instituts für Produktionstechnik und Auto-
    matisierung (IPA), Stuttgart, 1992

8 Trends in der Automatisierungstechnik: Wohin die Reise geht

Neben dem Wissen über Defizite von Automatisierungstechnik (vgl. Kap. 7) sind für die Anwender natürlich auch zukünftig zu erwartende Entwicklungen von großer Bedeutung. Solche Entwicklungen wird es sicher geben, auch wenn der Leiter des amerikanischen Patentamtes bereits 1899 der Meinung war, es gäbe nichts mehr zu erfinden ([1], siehe Zitat oben).

Die nachfolgend beschriebenen Trends sind eine wichtige Basis für die Einschätzung der Möglichkeiten und Chancen künftiger Automatisierungstechnik. Untersucht wurden die Trends in denselben Technologiefeldern, die auch die Grundlage für die Untersuchung der Defizite waren:

- Robotertechnik,
- Montagetechnik,
- Materialflußtechnik (im engeren Sinne: Fördern oder Transportieren, Kommissionieren, Lagern),
- Verpackungstechnik,
- Steuerungs-/Regelungstechnik und
- Sensortechnik.

Übergeordnete Trends

Aus den Umfragen zu den sechs Technologiefeldern lassen sich insgesamt fünf übergeordnete Trendgruppen ableiten:

- Systemkonzepte,
- Steuerung/Regelung,
- sensorische Fähigkeiten,
- Schnittstellen und
- Flexibilität.

Die in diesen Gruppen zusammengefaßten Trends ziehen sich wie ein roter Faden durch die Umfrage und stellen die gemeinsamen Schwerpunkte zukünftiger Entwicklungen in den sechs Technologiefeldern dar.

Bei den *Systemkonzepten* gibt es vier übergeordnete Trends (Abb. 8.1). Der Trend zu einer erheblichen *Verbesserung des Preis-Leistungsverhältnisses* gilt in allen sechs Technologiefeldern gleichermaßen. Die Umfrage zeigt, wie wichtig dieses Kriterium nicht nur den Anwendern, sondern auch den Herstellern geworden ist. Selbst bei Komponenten, die nicht nur Elektronik, sondern auch viel Mechanik enthalten, werden binnen der nächsten drei bis fünf Jahre Preissenkungen um 50 % und mehr (bezogen auf das heutige Preisniveau) erwartet. Ein bekannter Hersteller von Hochleistungsmontageanlagen erwartet beispielsweise in drei Jahren bei numerisch gesteuerten Achsen (NC-Achsen) eine Verbesserung des Preis-Leistungsverhältnisses um den Faktor 2.

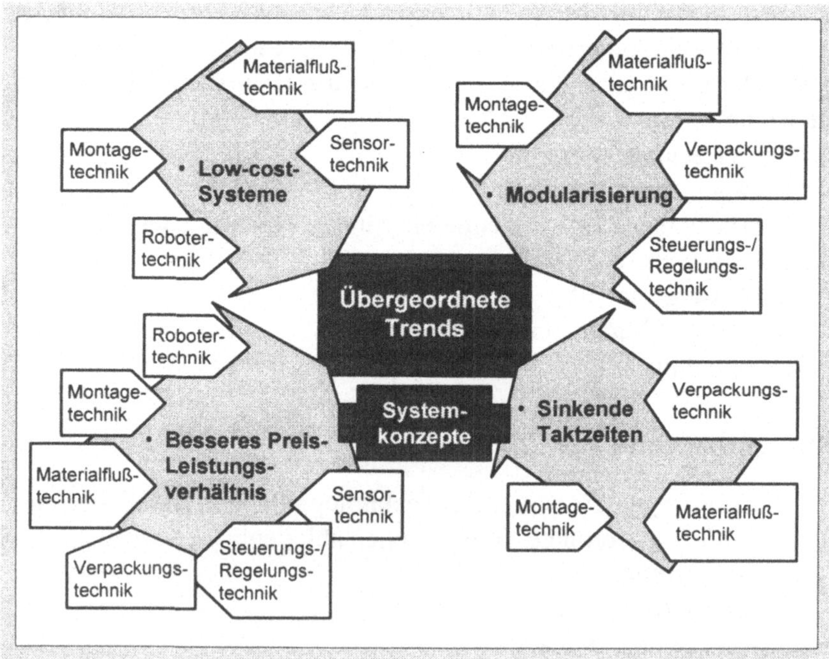

Abb. 8.1. Übergeordnete Trends in den Technologiefeldern: Systemkonzepte

Ein weiterer übergeordneter Trend ist die gezielte Entwicklung von *Low-cost-Systemen*. Um Eintrittsbarrieren zu senken, werden in einigen Technologiefeldern zunehmend Systeme angeboten, die *wesentlich* billiger sind als bisher üblich. Erreicht wird dies durch eine spezielle Low-cost-Entwicklung, deren Merkmale u.a. die strikte Beschränkung auf die unbedingt notwendigen Systemfunktionen, die weitgehende Verwendung standardisierter Baugruppen sowie die Verwendung preisgünstiger Werkstoffe sind. Teilweise werden für Low-cost-Systeme eigene Produktlinien entwickelt. In der Verpakkungstechnik und in der Steuerungs-/Regelungstechnik ist dieser Trend allerdings nur gering ausgeprägt. Was die Steuerungs-/Regelungstechnik angeht, so liegt dies sicher auch daran, daß von einigen Herstellern bereits seit Jahren Low-cost-Steuerungen angeboten werden, und daher kein Entwicklungsbedarf besteht.

Ein Trend, der schon vor Jahren begonnen hatte, ist die zunehmende *Modularisierung* von Hard- und Software. Die Potentiale zur Modularisierung sind bei weitem noch nicht ausgeschöpft, wie die Ergebnisse der Umfrage zeigen. Die Vorteile einer weitgehenden Modularisierung sind offensichtlich: Sie erleichtert beispielsweise die Bildung von Varianten oder die Instandhaltung bzw. das Up-grading bei Hard- und Software.

Von den vier relevanten Technologiefeldern, Roboter-, Montage-, Materialfluß- und Verpackungstechnik, sind immerhin drei von dem Trend zu *sinkenden Taktzeiten* betroffen. Dies ist letztlich Ausdruck der Forderungen des Marktes nach immer kürzeren Zeitspannen zwischen Bestellung und Lieferung eines Produktes[9], was sich u.a. in einer kontinuierlichen Verkürzung der unternehmensinternen Durchlaufzeiten niederschlägt.

Auch bei der *Steuerung/Regelung* von Betriebsmitteln sind über die Grenzen der Technologiefelder hinweg vier übergeordnete Trends erkennbar (Abb. 8.2). Die bei Betriebsmitteln verwendete *Industriesoftware* wird durch fensterbasierte, graphische Benutzeroberflächen immer „büroähnlicher" und damit *schneller erlern-* und *leichter bedienbar*. Zur Steuerung und Regelung von Prozessen[10] werden immer

---

[9] s. Fußnote 3, S. 51

[10] s. Fußnote 1, S. 7

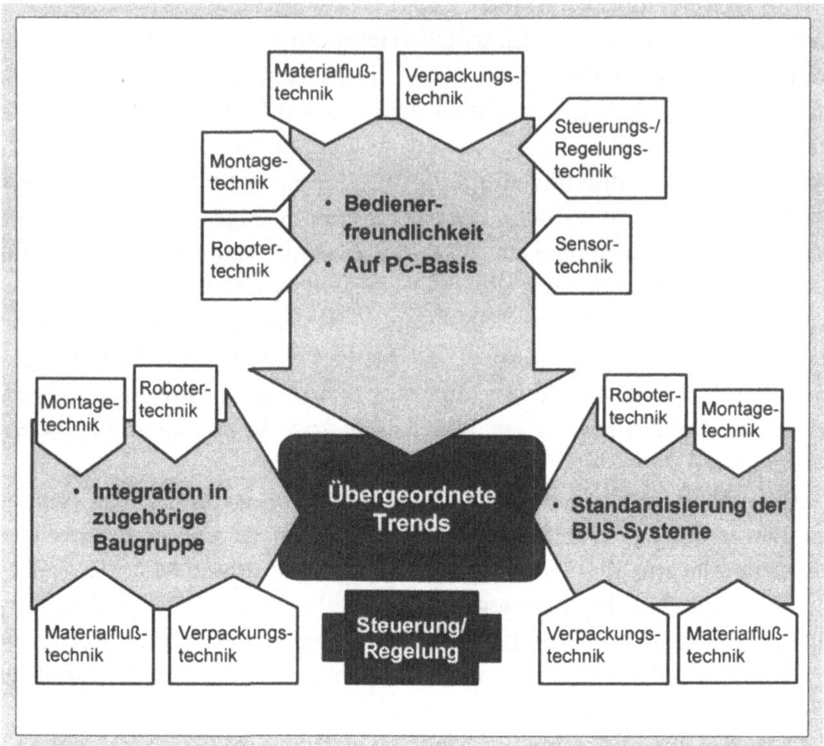

Abb 8.2. Übergeordnete Trends in den Technologiefeldern: Steuerung und Regelung

seltener spezialisierte eigene Hardwarekonfigurationen („Steuerungen") verwendet. Statt dessen rücken speziell für die Anforderungen der Produktion modifizierte Personal Computer, sog. *Industrie-PC*, immer mehr in den Mittelpunkt des Interesses. Derzeit erweist sich allerdings noch ihr gegenüber einigen speicherprogrammierbaren Steuerungen (SPS) höherer Preis als Nachteil.

Auch bei den *BUS-Systemen*, deren Vielfalt heute noch unüberschaubar erscheint, wird eine Standardisierung kommen. Dieser Trend hat bereits eingesetzt und gewinnt laufend an Fahrt (vgl. hierzu den Abschnitt über die Steuerungs-/Regelungstechnik).

Beim letzten übergeordneten Trend der *Steuerung/Regelung* geht es um die *Integration von Steuerungs- und Regelungsfunktionen in die zugehörigen Baugruppen* von Betriebsmitteln. Hintergrund für diese prognostizierte Entwicklung ist das generelle Bestreben, Steuerungsintelligenz zu verteilen, d.h. die Modularität zu erhöhen, um schnellere und flexiblere Betriebsmittel realisieren zu können. So soll u. a. erreicht werden, daß Aufnahme, Verarbeitung und Interpretation von Sensorsignalen sowie eine möglicherweise erforderliche Aktorik in einem Modul integriert werden können.

Weitere übergeordnete Trends gehören zu den Trendgruppen *sensorische Fähigkeiten*, *Schnittstellen* von Systemen und *Flexibilität* (Abb. 8.3).

Wenn es einen wichtigen Trend bei *sensorischen Fähigkeiten* gibt, dann ist es die starke *Zunahme von Bildverarbeitungsaufgaben*. Vor allem in der Roboter- und der Montagetechnik werden immer mehr Erkennungsprobleme mit Bildverarbeitung gelöst. Trotz der in der Umfrage festgestellten Euphorie darf allerdings nicht verschwiegen werden, daß der Bildverarbeitung schon Ende der 80er Jahre eine glänzende Zukunft versprochen wurde. Diese ist bisher nicht eingetreten, was vor allem an den technischen Unzulänglichkeiten der Bildverarbeitungssysteme und an den hohen Investitionskosten liegt. Folgt man der einen oder anderen seinerzeit verkündeten Prognose, müßte heute beispielsweise das Gros aller Industrieroboter mit Bildverarbeitungssystemen ausgerüstet sein. Das Gegenteil ist bisher der Fall. Nach groben Schätzungen verfügt derzeit höchstens jeder 20. Roboter über ein Bildverarbeitungssystem.

Bei den *Schnittstellen* steht eindeutig die Gestaltung der *Mensch-Maschine-Schnittstelle* als wichtigster Trend im Mittelpunkt. Generell geht es um die einfachere Bedienung von Betriebsmitteln, wobei die Visualisierung von Prozessen im Vordergrund steht. Die Echtzeitdarstellung oder -simulation von Prozessen ist ein zusätzlicher Aspekt der Visualisierung. Anwender sind zukünftig kaum mehr bereit, verzögert aufbereitete und visualisierte Informationen zu akzeptieren.

Ein weiterer wichtiger Trend ist die *herstellerübergreifende Kompatibilität* zwischen Betriebsmitteln bzw. ihren Komponenten. Vereinheitlichte mechanische und kommunikationstechnische Schnittstellen sollen den Automatisierungstechnik-Anwendern beispielsweise eine größere Freiheit bei der Kombination und Implementierung von Betriebsmitteln unterschiedlicher Hersteller gewähren oder die Instandhaltung vereinfachen.

Bei der *Flexibilität* gibt es zwei übergeordnete Trends mit großem Einfluß auf die konstruktive Gestaltung der Betriebsmittel: die Steigerung der *Produktvarianten-* und der *Prozeßflexibilität*. Hintergrund hierfür ist die Entwicklung zu immer individuelleren Produkten, die bei vielen Betriebsmitteln zukünftig eine weitestgehende Anpassungsfähigkeit an unterschiedliche Produkt- und Prozeßeigenschaften erfordert.

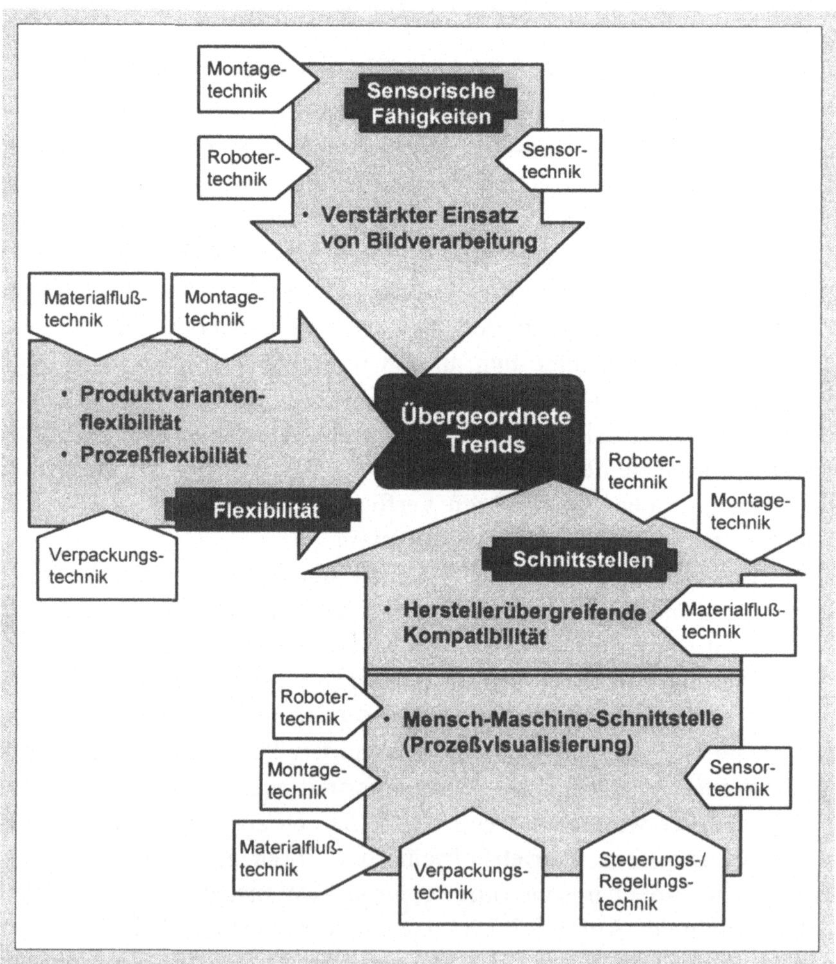

Abb. 8.3. Übergeordnete Trends in den Technologiefeldern: sensorische Fähigkeiten, Schnittstellen und Flexibilität

Trends in ausgewählten Feldern der Automatisierungstechnik

Robotertechnik

Die Trendeinschätzungen der *wichtigsten anwendungsbezogenen Eigenschaften* von Robotern gibt Abb. 8.4 wieder.

Bemerkenswert sind die Antworten bei der Frage nach den Veränderungen der *Verfahrgeschwindigkeit* von *Greifern* oder *Werkzeugen*. Trotz des bereits erreichten hohen Geschwindigkeitsniveaus glauben etwa 90 % der Roboterhersteller in Zukunft an eine weitere Erhöhung der Verfahrgeschwindigkeit. Diese Maßnahme soll dazu beitragen, die Taktzeiten in der Produktion weiter zu senken.

Rund 75 % der Befragten prognostizieren eine weitere Steigerung der *Funktionsvielfalt* und der *universellen Einsetzbarkeit* von Robotern. Nur ca. 5 % gehen dagegen von einer Einschränkung dieser Eigenschaften aus. Obwohl Roboter von ihrem Grundkonzept her sehr vielseitig einsetzbar sind, fordern die Anwender von Automatisierungstechnik weitere Entwicklungen zur Steigerung der Funktionsvielfalt und der universellen Einsetzbarkeit. Einen großen Einfluß üben diese Forderungen auf die Steuerungstechnik, die Sensorik und die Kinematik der Roboter aus.

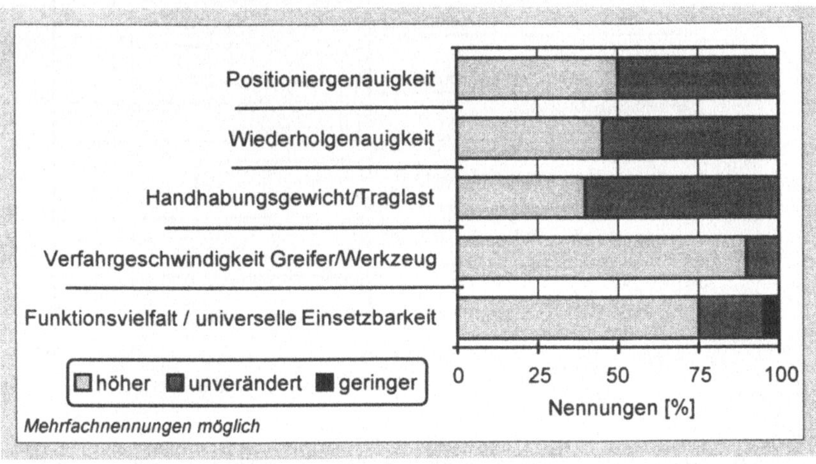

Abb. 8.4. Trends in der Robotertechnik: Anwendungsbezogene Eigenschaften

Bei den übrigen in Abb. 8.4 aufgelisteten Eigenschaften sind mindestens 50 % der Befragten der Ansicht, daß sich in Zukunft keine wesentlichen Änderungen ergeben werden.

Ungefähr 60 % der Roboterhersteller rechnen gleichzeitig damit, daß die Roboter durch *Leichtbau* ein immer besseres Verhältnis zwischen Eigengewicht und Traglast erzielen (Abb. 8.5). Erreicht werden soll dies vor allem durch das Redesign bestehender Systeme im Sinne des Leichtbaus und durch die Entwicklung neuartiger Kinematiken und mechanischer Strukturen unter Verwendung hochfester, leichter (Verbund-)Werkstoffe.

Bei der Antriebstechnik gehen ebenfalls etwa 60 % der Befragten von einer weiteren Zunahme des *Direktantriebs* aus. Direktantriebe werden sich jedoch langsamer durchsetzen als vielfach erwartet. Das verhältnismäßig große Bauvolumen behindert den Einsatz in den Nebenachsen der Roboter erheblich.

Der wichtigste Trend bei der Steuerungstechnik für Roboter ist der massive Ausbau der *Multiprozessortechnologie*. Ziel hierbei ist, die Leistungsfähigkeit der Steuerungen weiter zu erhöhen. Etwa 95 % der Roboterhersteller entwickeln ihre Steuerungen in dieser Richtung weiter.

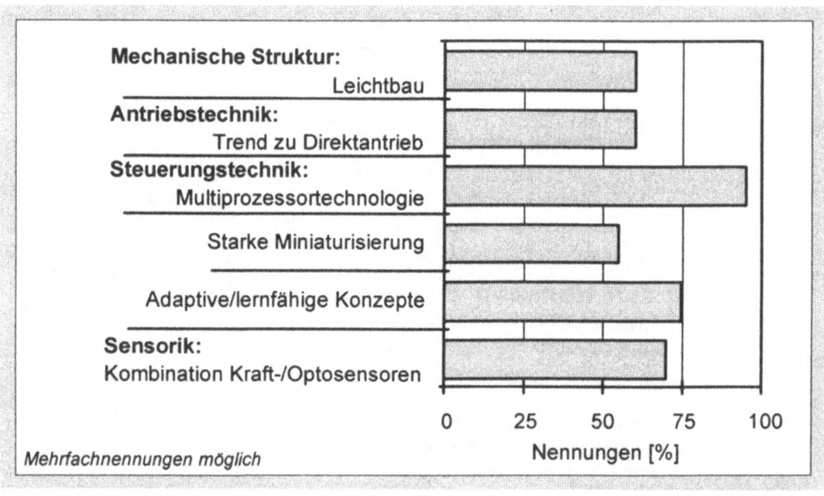

Abb. 8.5. Trends in der Robotertechnik: Mechanische Struktur, Antriebstechnik, Steuerungstechnik und Sensorik

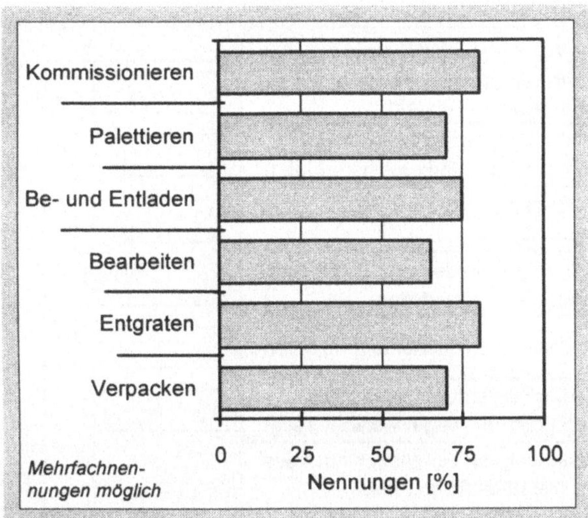

Abb. 8.6. Trends in der Robotertechnik: Einsatzgebiete mit überproportionalen Marktchancen

Bei den Sensoren für Roboter ist in Zukunft ein verstärkter Trend zu *Kraftsensoren in Kombination mit optischen Sensoren* zu erwarten, meinen etwa 70 % der Befragten.

Einsatzgebiete mit überproportional großen Marktchancen für Roboter sind in Abb. 8.6 aufgeführt. Die größten Zuwächse werden beim *Kommissionieren* und *Entgraten* erwartet (jeweils etwa 80 % der Nennungen). Dicht dahinter folgen *Be- und Entladen* (ca. 75 %) sowie *Palettieren* und *Verpacken* (je ca. 70 %).

Montagetechnik

Ein wichtiges Thema in der Montagetechnik ist das zu montierende Produkt und seine Struktur. Von letzterer hängt entscheidend ab, welcher Aufwand für eine automatische Montage getrieben werden muß. Abbildung 8.7 beschreibt daher die Gründe für den wichtigsten Trend bei der Produktstruktur: die *Modularisierung*.

Der Hauptgrund ist nach Ansicht von rund 95 % der Montagetechnikhersteller die *Verbesserung der Variantenflexibilität*. Das bedeutet, daß ein (komplexes) Produkt und seine Komponenten zunehmend nach dem Baukastensystem aufgebaut werden und so auf einfache

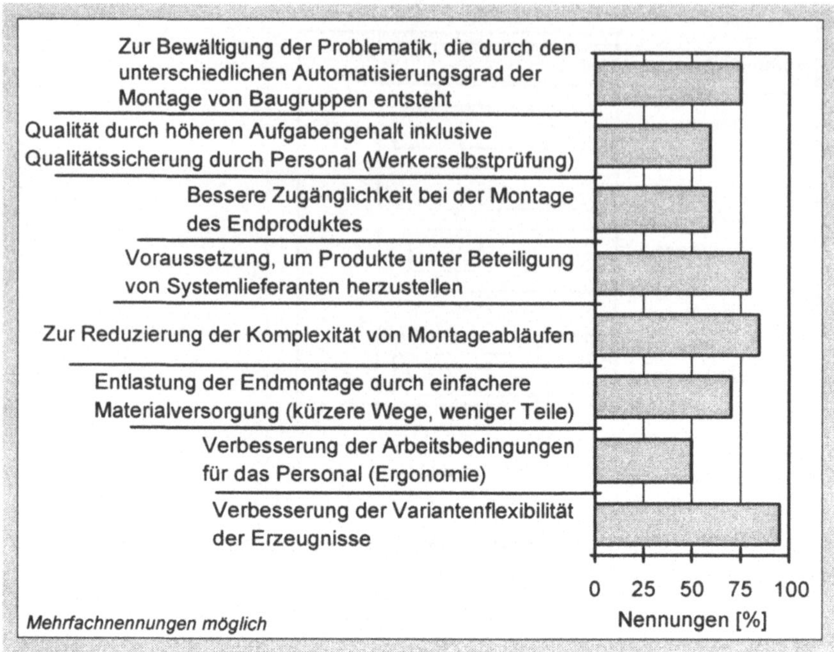

Abb. 8.7. Trends in der Montagetechnik: Gründe für die zunehmende Modularisierung von Produkten

Weise ohne großen Umrüstaufwand unterschiedliche Varianten montierbar sind.

Mit etwa 85 % der Nennungen ist die *Vereinfachung von Montageabläufen* der zweitwichtigste Grund, ein Produkt modular aufzubauen. Nur so ist es möglich, Prozesse einfacher und einheitlicher zu gestalten, wodurch eine Automatisierung erleichtert und die Montagetechnik zuverlässiger und billiger wird.

Der drittwichtigste Grund (ca. 80% der Nennungen) hat mit den Veränderungen der Fertigungstiefe in den einzelnen Unternehmen zu tun. Zwar ist der Trend zur Verringerung der Fertigungstiefe schon lange nicht mehr unumstritten. In vielen volkswirtschaftlich bedeutenden Branchen verringert sich die Fertigungstiefe trotzdem weiter. Die bekanntesten Beispiele finden sich bei der Kraftfahrzeugherstellung. Um trotz abnehmender Fertigungstiefe eine weitgehende Kontrolle über ihre Produkte und die Produktion zu bewahren – selbstverständlich bei maximaler Rentabilität – setzen die Automobilhersteller zunehmend auf wenige *Systemlieferanten* als Zulieferer. Hier wird schnell deutlich, welche entscheidende Rolle die Modularisierung der Kraftfahrzeuge spielt. Ohne einen konsequenten Aufbau des Gesamtsystems „Kraftfahrzeug" aus Modulen mit ihren klar definierten Schnittstellen, ist es nahezu unmöglich, Produkte unter Beteiligung von Systemlieferanten herzustellen.

Von zentraler Bedeutung für jede Montage sind zweifellos die relevanten *Verbindungstechniken*. Welche Techniken sich in Zukunft durchsetzen werden und welche nicht, zeigt Abb. 8.8. Ungefähr 95 % der befragten Montagetechnikhersteller erwarten in Zukunft einen Trend hin zum *Kleben*. Auch das *Schweißen*, das *Pressen*, das *Verstemmen* und das *Clinchen* (jeweils ca. 85 % der Nennungen) werden in Zukunft äußerst wichtig sein.

Eindeutig an Bedeutung verlieren werden die „klassischen" Verfahren *Schrauben*, *Nieten* und *Löten*. Etwa 60 % der Montagetechnikhersteller prognostizieren diesen Techniken einen Bedeutungsverlust.

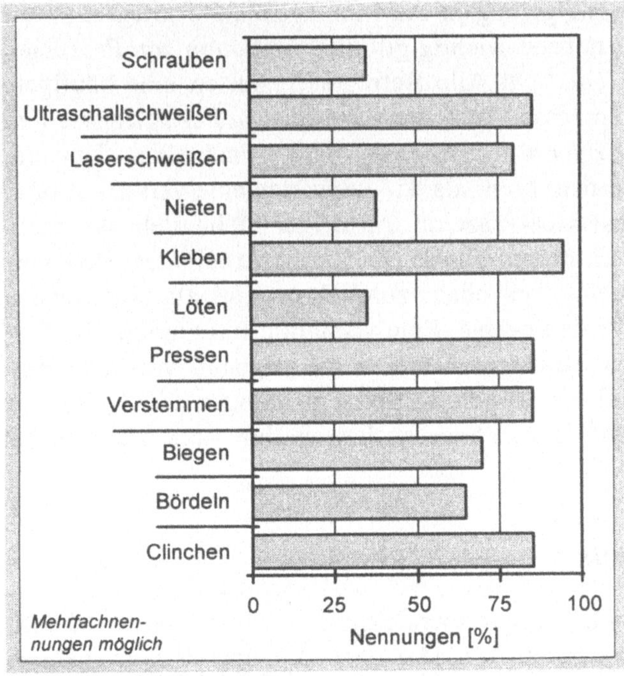

Abb. 8.8. Trends in der Montagetechnik: Bedeutung von Verbindungstechniken

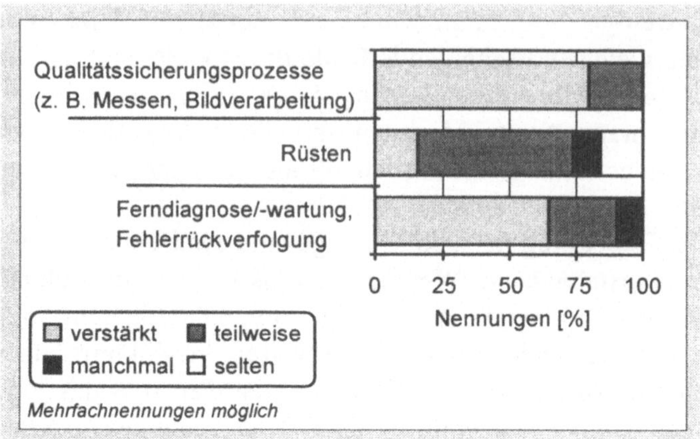

Abb. 8.9. Trends in der Montagetechnik: Integration zusätzlicher Prozesse

Im Zusammenhang mit den Verbindungstechniken wurde darüber hinaus untersucht, in welchem Ausmaß *zusätzliche Prozesse* zur Qualitäts- und Effizienzsteigerung in die Montageabläufe integriert werden (Abb. 8.9). Als äußerst wichtig gilt die *Integration von Prozessen zur Sicherung der Qualität*. Alle Befragten erwarten eine häufigere Integration dieser Prozesse. Auch die *automatische Ferndiagnose und -wartung sowie Fehlerrückverfolgung* wird zunehmend Teil der Montageabläufe werden. Mehr als 85% erwarten eine verstärkte Integration dieser Teleservice-Prozesse. An dritter Stelle steht das automatische *Rüsten* der Montageanlagen. Die Mehrheit der Montagetechnikhersteller geht von einer zumindest graduell wachsenden Bedeutung dieses Prozesses aus. Eine verstärkte Integration von Fertigungsprozessen in Montageabläufe wurde dagegen von den Herstellern nicht einmal ansatzweise in Betracht gezogen. *Fertigung* und *Montage* werden auf Prozeßebene auch weiterhin stark voneinander getrennt bleiben.

Materialflußtechnik

Ein Vergleich der allgemeinen Entwicklungspotentiale in der Materialflußtechnik ist in Abb. 8.10 wiedergegeben. Generell fällt auf, daß bei der Hardware die geringsten und bei der Software die größten Po-

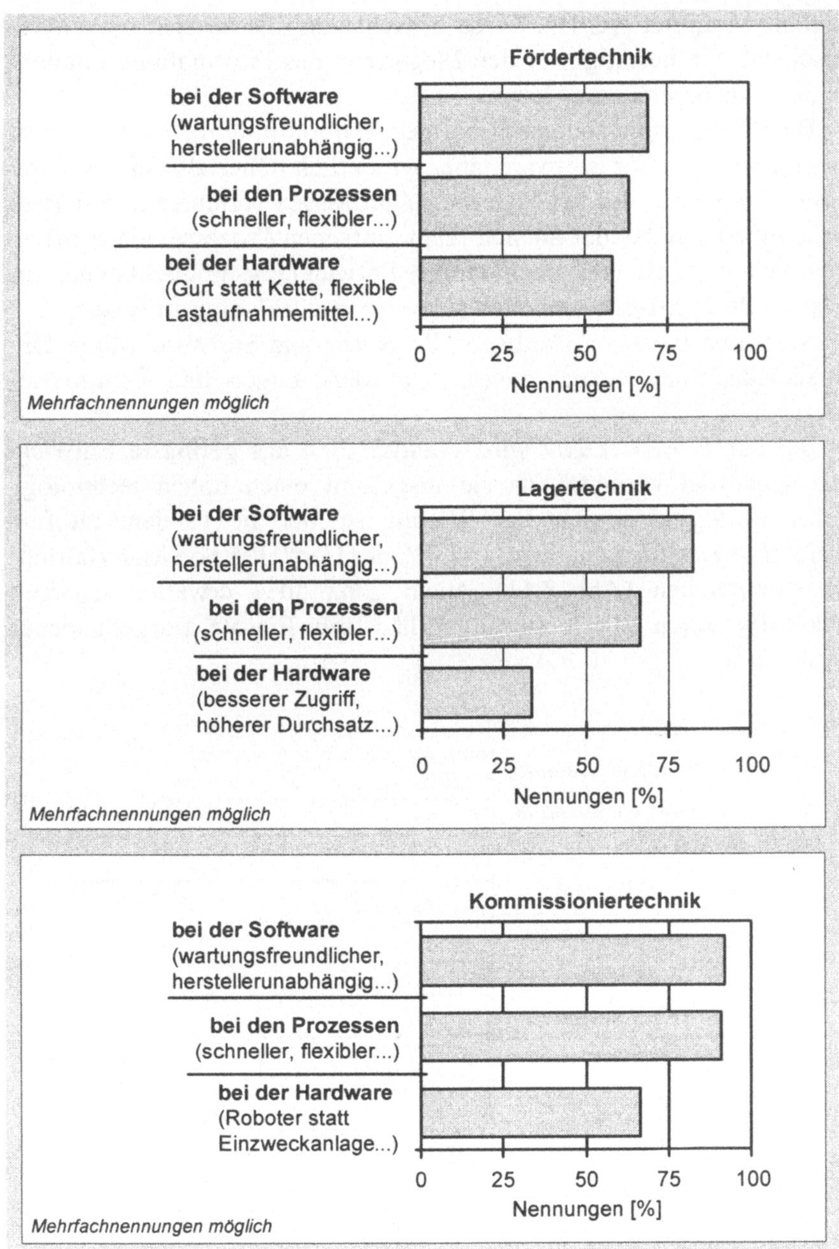

Abb. 8.10. Trends in der Materialflußtechnik: Allgemeine Entwicklungspotentiale in der Förder-, Lager- und Kommissioniertechnik

tentiale vermutet werden. Diese Einschätzung ist an sich nicht überraschend. Sie bestätigt nur den Megatrend des Informationszeitalters, in dem wir bereits heute leben.

Das Optimierungspotential bei den Materialfluß*prozessen* ist zwar geringer als bei der Software, aber wesentlich höher als bei der Hardware. Die Größe des bei Materialflußprozessen vermuteten Potentials erstaunt angesichts der an sich recht einfachen Prozesse. Ganz offensichtlich gibt es aber noch einige Entwicklungsmöglichkeiten, um Materialflußprozesse schneller, flexibler usw. ablaufen zu lassen.

Nicht nur zwischen Hardware, Prozessen und Software gibt es Unterschiede, sondern auch zwischen Förder-, Lager- und Kommissioniertechnik.

Bei der *Fördertechnik* wird grundsätzlich das geringste Entwicklungspotential vermutet, da sie insgesamt einen hohen technologischen Reifegrad erreicht hat. Wichtig ist hier die Tendenz zu *flurfreien Fördersystemen*, die etwa 80% der Hersteller von Materialflußsystemen sehen (Abb. 8.11). Nicht ganz 50% erwarten dagegen zukünftig einen überproportional häufigen Einsatz flurgebundener Systeme.

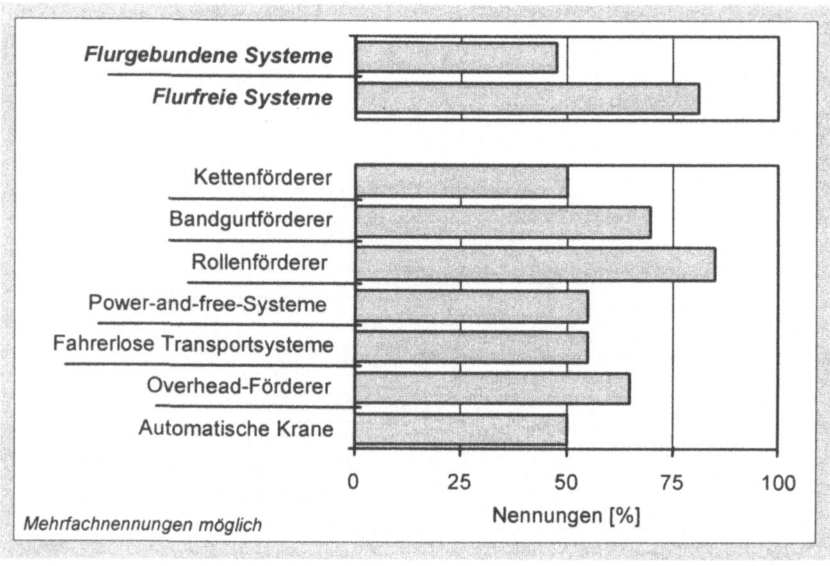

Abb. 8.11. Trends in der Materialflußtechnik: Bedeutung automatischer Transport- und Fördersysteme

Hinsichtlich der zukünftigen Verbreitung automatischer Fördersysteme gibt es drei Favoriten. Die größte Bedeutung messen die Hersteller von Materialflußtechnik den *Rollenförderern* bei (ca. 85 % der Nennungen). An zweiter Stelle stehen *Bandgurtförderer* (etwa 70 %) und an dritter Stelle *Overhead-Förderer* (rund 65 %). Die übrigen automatischen Fördersysteme, beispielsweise *fahrerlose Transportsysteme (FTS)*, finden dagegen in Zukunft eine wesentlich geringere Verbreitung.

Ähnlich wie die Fördertechnik ist auch die *Lagertechnik* technologisch weitgehend ausgereift. Nur in der Software scheint noch ein erhebliches Verbesserungspotential zu liegen. Es spricht für die befragten Materialflußtechnikhersteller, daß sie diesen typischen Problempunkt ebenso kritisch sehen, wie die Anwender. In der Tat gibt es in den produzierenden Unternehmen eine große Zahl (halb-)automatischer Lager, bei deren Steuerung Softwareprobleme auftreten.

Das eindeutig größte Entwicklungspotential wird jedoch in der *Kommissioniertechnik* vermutet. Dies gilt für die Kommissionierhardware ebenso wie für die Kommissionierprozesse und die -software. Ziel ist es, in Zukunft Aufgabenstellungen, wie das Kommissionieren von Produkten in Verpackungen unterschiedlicher Größe, Form und Lagestabilität, in wahlfreier Reihenfolge wesentlich effizienter als heute automatisch zu erledigen.

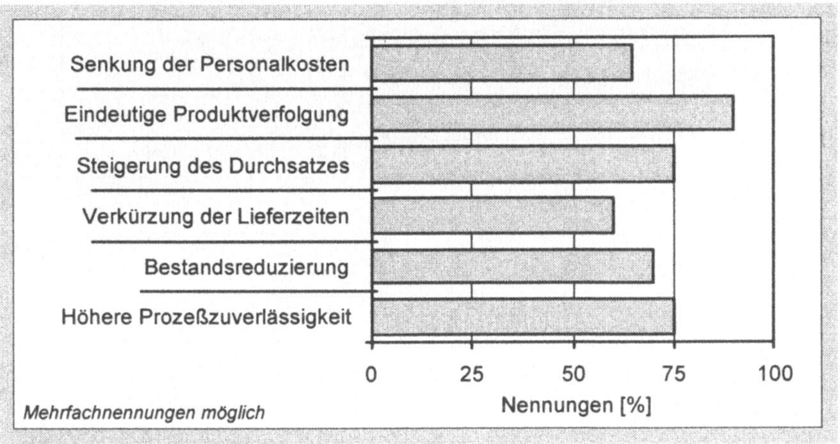

Abb. 8.12. Trends in der Materialflußtechnik: Vorteile der Synchronisation von Informations- und Materialfluß

Ein wichtiges Thema bei Materialflußdiskussionen ist das Ablaufen von Prozessen in Echtzeit. Speziell geht es um die Synchronisation des Informationsflusses mit dem Fluß der Produkte („Materialfluß"). Die wichtigsten Vorteile einer *Synchronisation von Informations- und Materialfluß* sind in Abb. 8.12 zusammengefaßt. Im Vordergrund steht die *Eindeutigkeit bei der Produktverfolgung* (etwa 90% der Nennungen). Es muß zu jedem Zeitpunkt möglich sein, die „Historie" und den derzeitigen Aufenthaltsort eines individuellen Produktes zu ermitteln.

An zweiter Stelle kommen die *Steigerung des Durchsatzes* und eine *höhere Zuverlässigkeit der Materialflußprozesse* (jeweils ca. 75% der Nennungen). Den geringsten Einfluß übt die Synchronisation auf die *Senkung der Personalkosten* (rund 65%) und auf die *Verkürzung der Lieferzeit* (rund 60%) aus.

Verpackungstechnik

Abbildung 8.13 gibt einen Überblick über die größten *allgemeinen Entwicklungspotentiale* in der Verpackungstechnik. Die mit Abstand häufigsten Nennungen (etwa 95%) der Verpackungstechnikhersteller

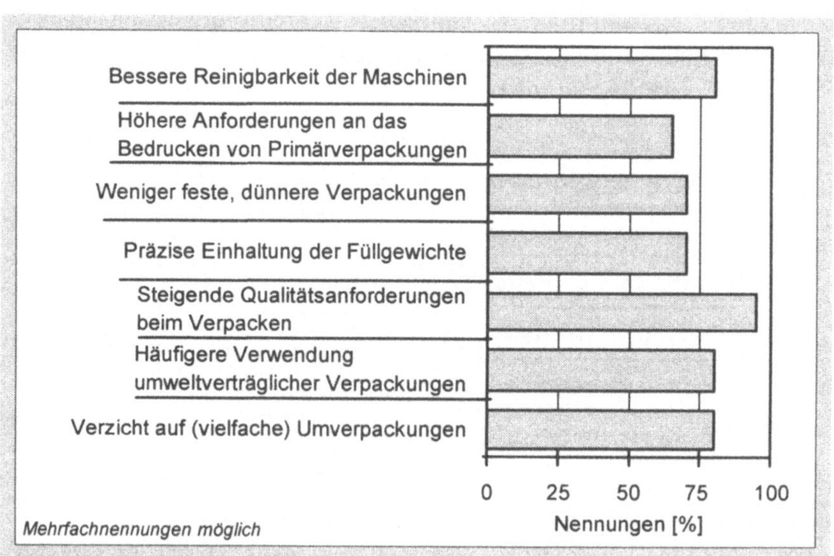

Abb. 8.13. Trends in der Verpackungstechnik: Allgemeine Entwicklungspotentiale

beziehen sich auf *steigende Qualitätsanforderungen*. Diese sind entweder bereits bekannt oder sie müssen bei zukünftigen Entwicklungen einkalkuliert werden. Mit gewissem Abstand folgen dann drei Potentiale mit rund 80 bzw. 75% der Nennungen: der *Verzicht auf* (vielfache) *Umverpackungen*, die verstärkte Verwendung *umweltverträglicher Verpackungen* und die *bessere Reinigbarkeit* der Verpackungsmaschinen.

Eine verbesserte Reinigbarkeit läßt sich sowohl durch eine geeignete Gestaltung der Verpackungsmaschine (Zugänglichkeit, Oberflächenbeschaffenheit) als auch durch die Integration automatischer Reinigungsprozesse erreichen. Mit der verbesserten Reinigbarkeit der Maschinen sind drei Ziele verbunden: Zum einen eine Verbesserung der Hygiene und damit indirekt auch der Produktqualität. Zum anderen eine Verkürzung unproduktiver Maschinenstillstandszeiten. Und schließlich zum dritten die Möglichkeit, auf externe Dienstleister zum Reinigen der Maschinen zumindest teilweise verzichten zu können.

Der weitgehende Verzicht auf Umverpackungen und die verstärkte Verwendung umweltverträglicher Verpackungen dienen letztlich dem

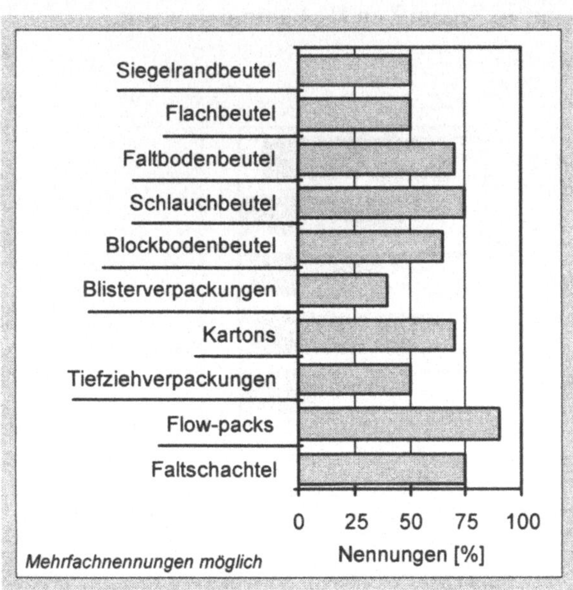

Abb. 8.14. Trends in der Verpackungstechnik: Verbreitung von Verpackungsarten

gleichen Zweck. Ressourcen (Verpackungsmaterial, Energie, Umwelt usw.) sollen geschont und Entsorgungsprobleme verringert werden. Der Übergang auf umweltfreundlichere Verpackungen bleibt nicht ohne Einfluß auf die Technik von Verpackungsanlagen. Umweltfreundliche Verpackungen sind oft aus dünneren oder weniger stabilen und homogenen Materialien hergestellt. Daraus resultieren fast immer ungünstigere Transport- und Handhabungseigenschaften, was zu einer aufwendigeren Sensorik und teilweise auch Mechanik der Verpackungsanlagen führen kann.

Die Trends bei *Verpackungen* werden stark von den gesetzlichen Rahmenbedingungen und darüber hinaus – zumindest in Deutschland – auch stark vom Willen des Verbrauchers beeinflußt.

Konsequenterweise ergibt sich daraus ein Wandel in der Bedeutung einzelner Verpackungsarten (Abb. 8.14). Die größten Zuwachsraten werden in Zukunft bei den *Flow-Packs* erwartet (rund 90 % der Nennungen). An zweiter Stelle stehen *Faltschachtel- und Schlauchbeutelverpackungen* (je etwa 75 %). Die heute noch weit verbreiteten *Blisterverpackungen* werden dagegen stark an Bedeutung verlieren. Nur etwa 40 % der Verpackungstechnikhersteller können sich vorstellen, daß diese Verpackungsart in Zukunft an Bedeutung gewinnt.

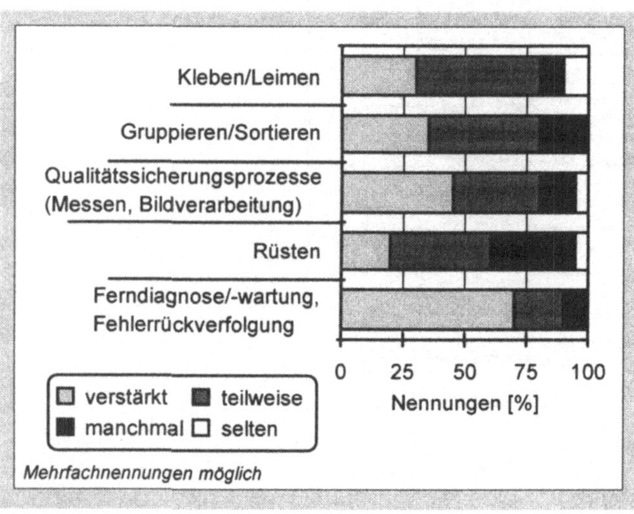

Abb. 8.15. Trends in der Verpackungstechnik: Integration zusätzlicher Prozesse

Ähnlich wie bei der Montage gibt es auch beim Verpacken Bestrebungen, *zusätzliche Prozesse* in die eigentlichen Verpackungsabläufe zu integrieren (Abb. 8.15). Die mit Abstand größte Bedeutung kommt der automatischen *Ferndiagnose und -wartung sowie Fehlerrückverfolgung* zu. Das Gros der Befragten rechnet in Zukunft mit einer Integration dieser Prozesse in Verpackungsabläufe. An zweiter Stelle steht die Steigerung der Qualität beim Verpacken durch *Integration von Prozessen zur Qualitätssicherung* wie beispielsweise Bildverarbeitung. Auch bei automatischen Prozessen wie *Kleben/Leimen, Gruppieren/Sortieren* und *Rüsten* geht die Mehrheit der Befragten von einer zunehmenden Integration in die Verpackungsabläufe aus.

Steuerungs-/Regelungstechnik

Untergliedert man die Steuerungs-/Regelungstechnik, so zeigen sich zukünftig unterschiedliche *Entwicklungsschwerpunkte* (Abb. 8.16).

Für jeweils etwa 70 % der Befragten sind zukünftig der konsequente *modulare Aufbau von Software* und die *anwenderfreundliche Visualisierung* von Informationen von großer Bedeutung. Das geringste Entwicklungspotential wird bei den *Mikroprozessoren* erwartet.

Die mit den in diesem Bereich üblichen Generationswechseln verbundene Leistungssteigerung tritt offensichtlich im Vergleich zur

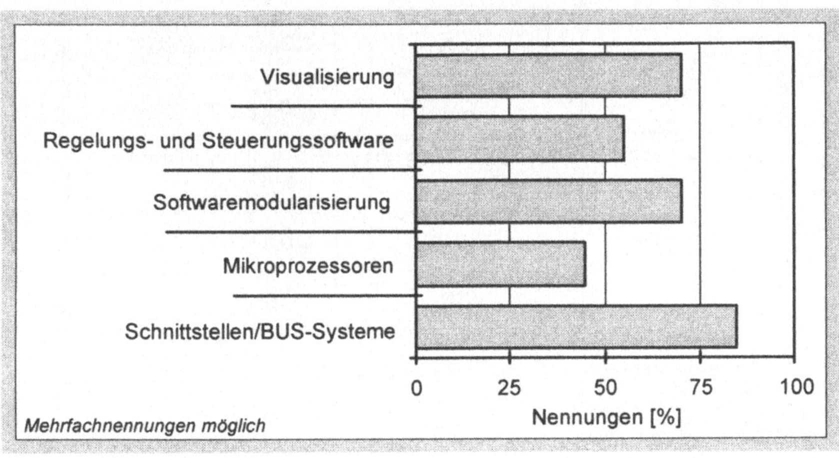

Abb. 8.16. Trends in der Steuerungs-/Regelungstechnik: Allgemeine Entwicklungspotentiale

Softwaretechnologie und zur Anwenderfreundlichkeit in den Hintergrund.

Nach Ansicht von etwa 85% der Hersteller von Steuerungs-/ Regelungstechnik verfügen die Schnittstellen bzw. BUS-Systeme über das mit Abstand größte Entwicklungspotential. Die Entwicklungen auf diesem Gebiet, vor allem im Hinblick auf eine Standardisierung, sind derzeit noch im Fluß.

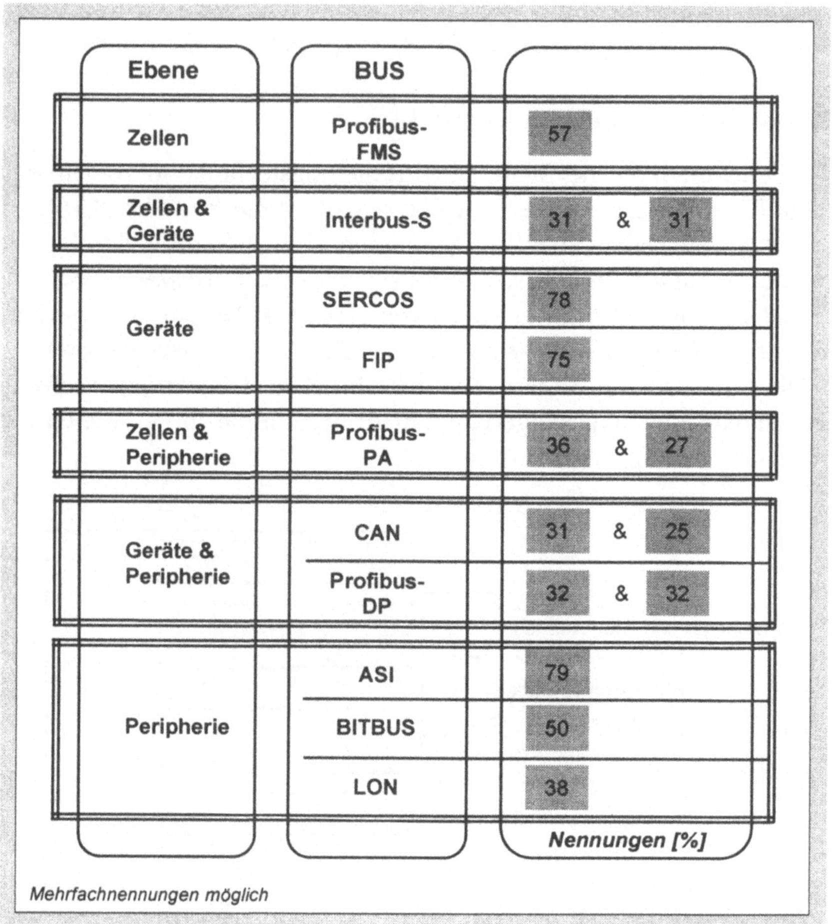

Ebene	BUS	Nennungen [%]		
Zellen	Profibus-FMS	57		
Zellen & Geräte	Interbus-S	31	&	31
Geräte	SERCOS	78		
	FIP	75		
Zellen & Peripherie	Profibus-PA	36	&	27
Geräte & Peripherie	CAN	31	&	25
	Profibus-DP	32	&	32
Peripherie	ASI	79		
	BITBUS	50		
	LON	38		

Mehrfachnennungen möglich

Abb. 8.17. Trends in der Steuerungs-/Regelungstechnik: Verbreitung von BUS-Systemen

Abbildung 8.17 gibt einen Überblick über die aktuelle Situation beim alles dominierenden „BUS-Thema". Gefragt wurden die Hersteller nach der Durchsetzung wichtiger *BUS-Systeme* auf den drei möglichen Kommunikationsebenen Zelle, Gerät und Peripherie. Die meisten BUS-Systeme sind nach Einschätzung der Hersteller eindeutig zuzuordnen.

Auf der Zellenebene werden sich vor allem Profibus-FMS und Profibus-PA sowie Interbus-S durchsetzen. Letzterer wird auch auf der Geräteebene zum Einsatz kommen. Auf derselben Ebene werden allerdings SERCOS und FIP wesentlich stärker an Bedeutung gewinnen. Auf der Ebene der Peripheriesysteme werden ASI mit großem Abstand vor BITBUS und LON die besten Marktchancen eingeräumt.

Sensortechnik

In der Sensortechnik (Herstellung und Anwendung) gibt es erhebliche *Entwicklungspotentiale* (Abb. 8.18). Alle Hersteller von Sensortechnik sehen hauptsächlich in der Entwicklung *neuer Fertigungstechnologien* für Sensorsysteme das größte Potential. Hintergrund dieser Prognose sind drei Hauptziele: Senkung der Herstellkosten, Miniaturisierung und Integration mehrerer Einzelsensoren zu einem umfassenden Multisensorsystem. Vor allem aus der Halbleitertechnik abgeleitete Herstelltechnologien spielen bei der Verwirklichung dieser Ziele eine Schlüsselrolle.

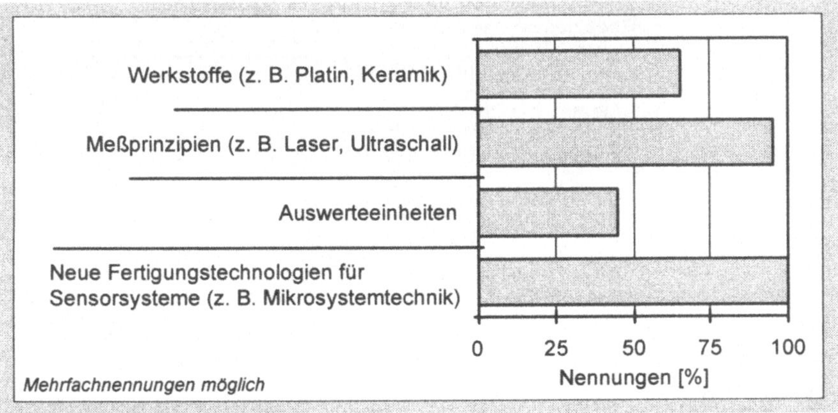

Abb. 8.18. Trends in der Sensortechnik: Allgemeine Entwicklungspotentiale

In der Weiterentwicklung der *Meßprinzipien* wird ebenfalls ein sehr großes Potential gesehen. Rund 95 % der Hersteller glauben, daß mit neuen oder verbesserten Meßprinzipien (z. B. auf Laserbasis) auch neue Aufgaben erschlossen oder typische Aufgaben besser gelöst werden können.

Selbst in den *Auswerteeinheiten* stecken noch große Entwicklungsreserven, wie etwa 45 % der Befragten meinen. Wichtigstes Ziel ist neben einer Verbesserung der Signalverarbeitung die Integration der Signalvorverarbeitung in die Sensorelemente.

Die Automatisierung und generell das Informationszeitalter fordern den Einsatz von Sensoren, da nur so statt offener Steuerketten geschlossene Regelkreise möglich sind. Die Bemühungen, alle Prozesse in Echtzeit automatisch ablaufen, überwachen und regeln zu lassen sowie die Prozeßqualität ständig zu steigern, sind nur mit dem Einsatz von Sensorsystemen erfolgreich. Deshalb erwarten die Sensortechnikhersteller in vielen Aufgabengebieten zukünftig signifikante Steigerungen (Abb. 8.19).

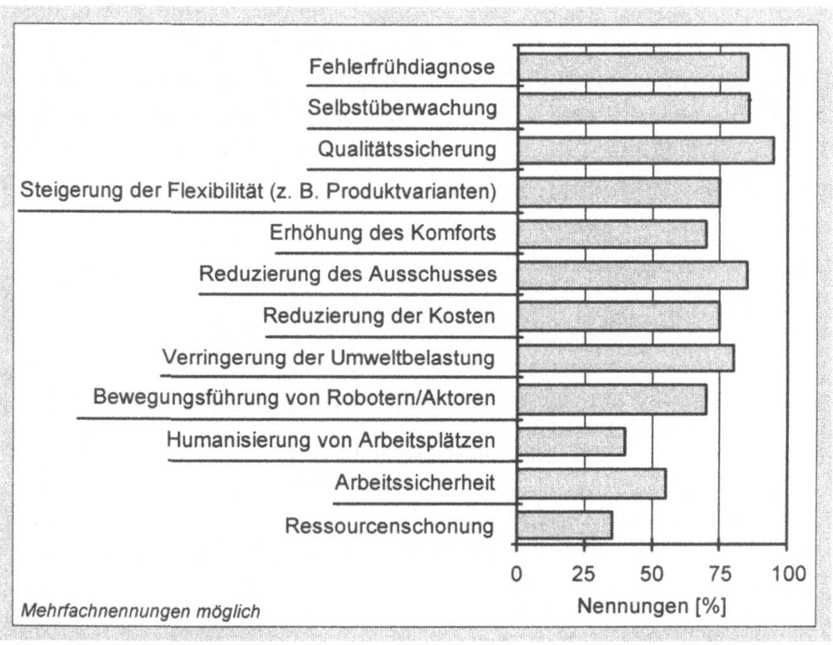

Abb. 8.19. Trends in der Sensortechnik: Aufgabengebiete mit verstärktem Sensoreinsatz

Als die potentialträchtigsten Aufgabengebiete gelten die *Qualitäts-sicherung*, die *Reduzierung des Ausschusses*, die *Fehlerfrühdiagnose*, die *Selbstüberwachung* und die *Verringerung der Umweltbelastung* (jeweils 80% oder mehr Nennungen). Weit abgeschlagen sind dagegen Aufgabengebiete wie die *Humanisierung von Arbeitsplätzen* oder die *Ressourcenschonung*. Bei ihnen ist bereits heute ein vergleichsweise hoher Stand erreicht, der in der Zukunft nur noch ein unterdurchschnittliches Wachstum zuläßt.

Für eine Analyse der zukünftigen Entwicklungen in der Sensortechnik sind neben den verschiedenen Aufgabengebieten auch die *betroffenen Betriebsmittel* von Interesse (Abb. 8.20). Die prognostizierten Unterschiede im Einsatz von Sensorsystemen sind erheblich.

Das größte Einsatzpotential wird von den Befragten in der *chemischen Verfahrenstechnik* und der *flexiblen Handhabungstechnik/ Robotik* gesehen (jeweils ca. 90% der Nennungen). In der chemischen Verfahrenstechnik sind Sensorsysteme zunehmend von Interesse, um

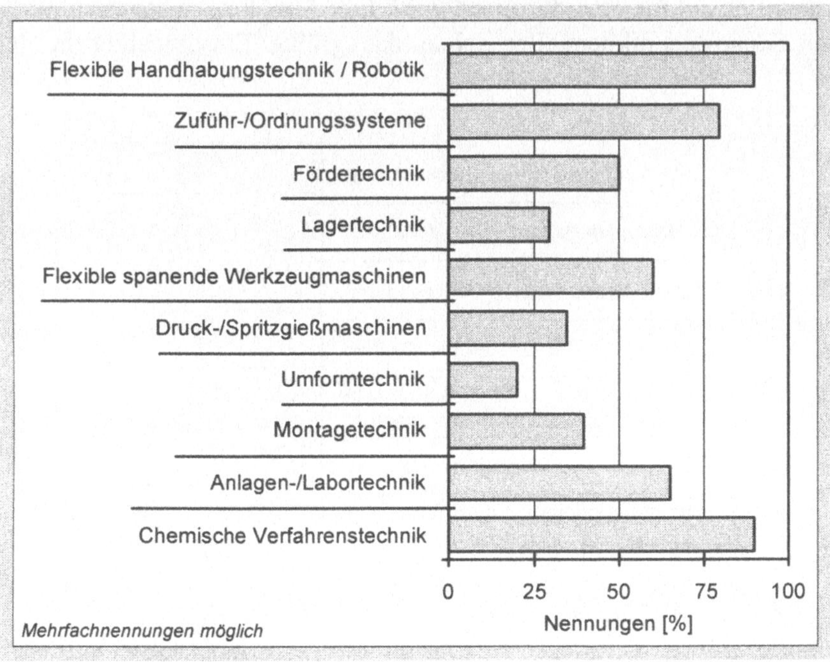

Abb. 8.20. Trends in der Sensortechnik: Betriebsmittel mit überdurchschnittlichem Sensoreinsatz

Prozesse *in situ* zu überwachen und zwischen engen Toleranzgrenzen „fahren" zu können. Bei der Automatisierung der Handhabungstechnik geht es dagegen vor allem darum, beispielsweise einen Roboter auch in unstrukturierten Umgebungen einzusetzen (z.B. automatische Werkstückerkennung) oder Prozesse in höherer Qualität auszuführen (Kraft-Momentenkopplung bei der Montage usw.).

Weitere für Sensorsysteme wichtige Betriebsmittel sind *Zuführ-/ Ordnungssysteme* (rund 80% der Nennungen) und die *Anlagen-/ Labortechnik* (rund 65%). Die Gründe für ihre Bedeutung sind mit denen der beiden oben beschriebenen Betriebsmittel vergleichbar.

Unterdurchschnittliche Zuwächse erwarten Hersteller von Sensortechnik bei der *Umformtechnik*, den *Druck-/Spritzgußmaschinen* und der *Lagertechnik*. Offensichtlich gibt es hier vergleichsweise wenige Prozesse bzw. Prozeßparameter, die überwacht oder geregelt werden müssen.

Die wichtigsten *Einsatzgebiete für die Bildverarbeitung*, demjenigen Sensorsystem, über das derzeit in der Produktionstechnik wahrscheinlich am meisten diskutiert wird, faßt Abb. 8.21 zusammen. 95% der Sensortechnikhersteller sehen das größte Einsatzgebiet in der

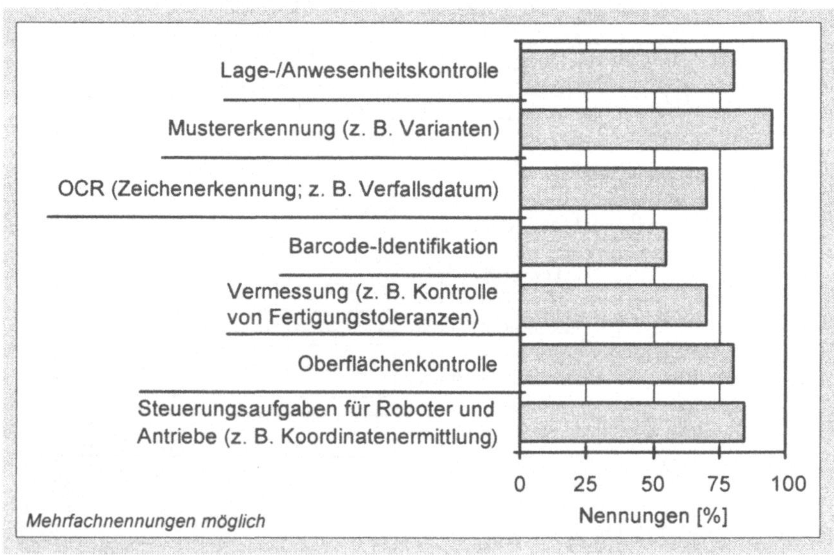

Abb. 8.21. Trends in der Sensortechnik: Einsatzgebiete mit besonders guter Eignung für den Einsatz von Bildverarbeitung

Mustererkennung. Weitere wichtige Nennungen beziehen sich auf die *Steuerung von Robotern und Antrieben* (etwa 85%), die *Kontrolle von Lage und Anwesenheit* sowie die *Oberflächenkontrolle* (jeweils etwa 80%). Im Vergleich dazu rückt z. B. die *Erkennung von Schriftzeichen (Optical character recognition (OCR))* und von *Barcodes* mit ca. 70 bzw. 55% in den Hintergrund.

Zukunftsbranchen der Automatisierungstechnik

Einen interessanten Einblick in die Zukunftspläne der Automatisierungstechnik-Hersteller gibt Abb. 8.22. Es wird deutlich, welche Branchen von den Herstellern als attraktiv angesehen werden und in welchem Ausmaß sie sich um die einzelnen Branchen „kümmern" wollen. Aus der Abbildung läßt sich auch ableiten, welches Innovationspotential sich tendenziell hinter den einzelnen Technologiefeldern verbirgt und welche Branchen in jedem Technologiefeld besonders attraktiv erscheinen.

Die größte Attraktivität besitzt die *Pharmazie.* In allen Technologiefeldern werden hier in der Zukunft durchweg überdurchschnittliche Zuwächse erwartet. Besonders Verpackungs- und Materialflußaufgaben weisen ein großes Potential auf. Gründe hierfür gibt es mehrere: Zum einen verringern sich auch in der Pharmaindustrie zunehmend die Losgrößen, was eine bisher eher unübliche Flexibilisierung von Materialfluß und Verpackung erfordert. Die entsprechenden Betriebsmittel – sie sind teilweise noch gar nicht entwickelt – müssen als Ersatz für die vorhandenen inflexiblen Betriebsmittel beschafft werden. Zum anderen gibt es neben Produktionsausweitungen auch ständig neue Diagnose- und Therapieprodukte. Die erforderlichen Herstellungs-, Materialfluß- und Verpackungsprozesse unterscheiden sich von vielen vergleichbaren Prozessen erheblich. Dies ist auch eine der Ursachen für die enormen Absatzpotentiale, die Sensorhersteller erwarten. Sensoren werden aus zweierlei Gründen eine Schlüsselrolle in der Pharmazie einnehmen. Zum einen kommen sie bei der Überwachung von Produktionsprozessen fast zwangsläufig zur Anwendung. Dies geschieht vor allem aus Qualitäts- und Dokumentationsgründen. Zum anderen gibt es zunehmend Sensoren, die z. B. auf biotechnischer Grundlage arbeiten und als Diagnosehilfsmittel für Krankheiten dienen.

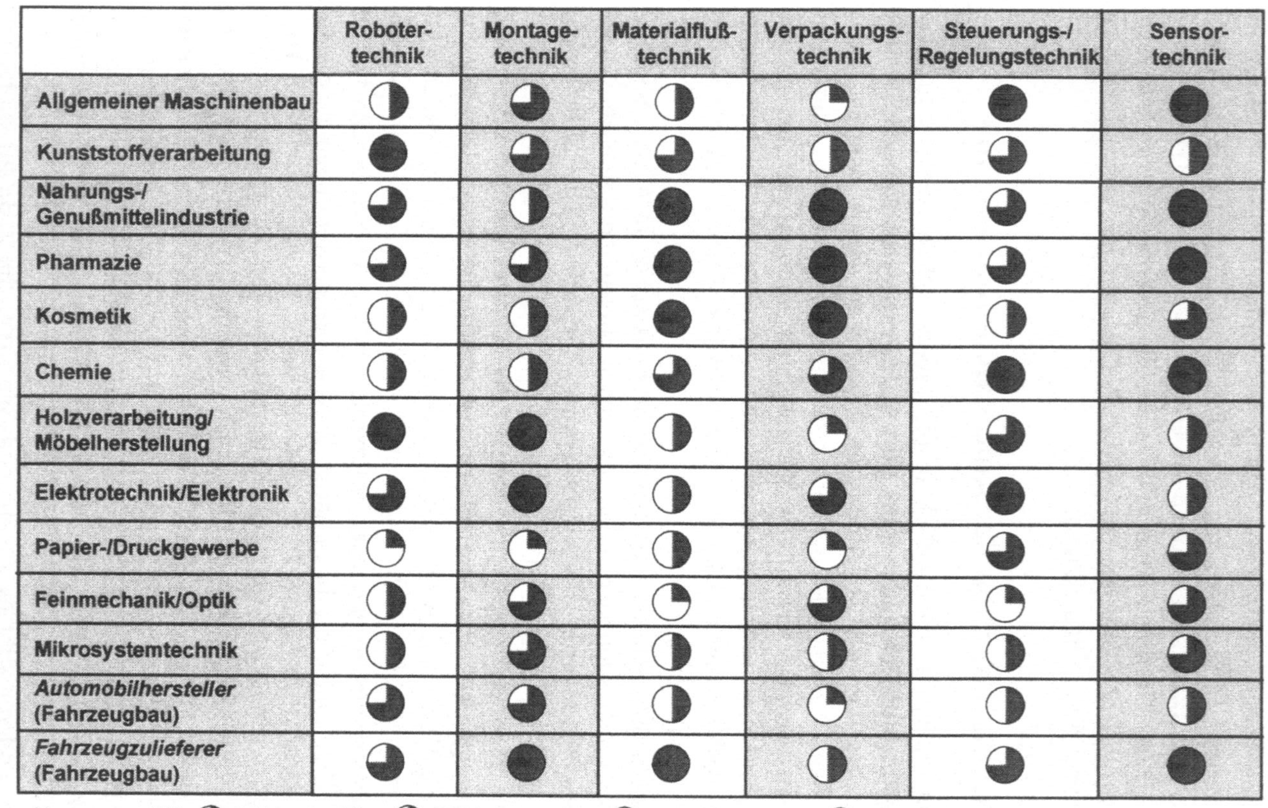

Abb. 8.22. Branchen mit überdurchschnittlichen Absatzpotentialen für die einzelnen Technologiefelder

Ein ähnliches Potential wie in der Pharmazie wird für die Branche der *Nahrungs- und Genußmittel* prognostiziert. Besonders große Potentiale bestehen in den Bereichen Verpackung und Materialfluß. In der Dauerbackwarenherstellung beispielsweise tritt vielfach das Problem auf, ein sehr breites Sortiment in Losen herstellen zu müssen, da die Mengen je Produkt für eine kontinuierliche Herstellung nicht ausreichen. Sind bei bestimmten Gebäcksorten zusätzlich noch Glasuren oder andere Oberflächenveredelungen erforderlich, so gibt es Probleme aufgrund der vorhandenen unterschiedlichen Kapazitäten von Anlagen für verschiedene Herstellungsschritte. Ein Zwang zum handhabungsintensiven und qualitätsmindernden Zwischenpuffern ist die Folge. Die Organisation des Pufferns und die Überwachung der Liegezeiten stellen die Hersteller ebenfalls vor beträchtliche logistische Probleme. Sind die Backwaren hergestellt, werden sie auf unterschiedliche Art und Weise verpackt. Dies ist bis heute mit viel Handarbeit verbunden. Besonders dann, wenn es sich um Ware handelt, die kein Schüttgut ist und nicht das ganze Jahr über in großer Stückzahl hergestellt wird. In diesem Fall erfolgt typischerweise das Einlegen der Backwaren in Trays und dgl. von Hand und erst das Verpacken im engeren Sinne, d. h. das Umhüllen mit Folie oder Kartons, erfolgt dann automatisch.

Die Hersteller von Sensoren sehen ebenso wie die Anbieter von Materialfluß- und Verpackungstechnik in der Nahrungs-/Genußmittelbranche sehr gute Absatzchancen. Der Trend zu reproduzierbaren Prozessen und höherer Produktqualität ist in erster Linie mit dem Einsatz von Überwachungssystemen (mit Sensoren als zentrale Elemente) zu verwirklichen.

Auch die *Chemiebranche* gilt bei den Automatisierungstechnik-Herstellern als äußerst zukunftsträchtig. Aufgrund des verfahrenstechnischen Charakters sehen hier vor allem Sensor- und Steuerungs-/Regelungstechnikhersteller große Absatzchancen. Dieser Optimismus liegt an den zukünftig zu erwartenden Änderungen der verfahrenstechnischen Produktionsprozesse. Hier gibt es einen eindeutigen Trend hin zu engeren Toleranzen und einer umfangreichen Prozeßdokumentation bzw. Qualitätssicherung.

Geht es um die Herstellung von Stückgut in der Chemiebranche, sehen auch die Hersteller von Materialfluß- und Verpackungstechnik gute Absatzchancen. Die Gründe hierfür entsprechen denen der Pharmazie.

Etwa vergleichbar mit den Potentialen in der Chemiebranche werden die Potentiale der *Elektrotechnik/Elektronik* eingeschätzt. Sehr große Potentiale rechnen sich hier Hersteller von Montage- und Steuerungs-/Regelungstechnik aus. In der Elektrotechnik ist der Automatisierungsgrad von Montageaufgaben noch recht niedrig, speziell im Vergleich zur Elektronik. Gewissermaßen im „Schlepptau" der Montagetechnik profitiert die Steuerungs-/Regelungstechnik von allen Automatisierungsmaßnahmen.

Unter den Branchen, die im Mittelfeld der Potentialbeurteilung liegen, befindet sich der *Fahrzeugbau.* Seine beiden Hauptbereiche, die *Automobilherstellung* und die *Herstellung der Zulieferteile,* sind aus Sicht der Automatisierungstechnik gegensätzlich. Diese „Zweiklassengesellschaft" stellt sich wie folgt dar. Die Automobilhersteller sind in der Regel Vorzeigeunternehmen. Das Niveau der Organisation und Technik in der Produktion ist durch den harten Konkurrenzkampf unter den Herstellern sehr hoch. Innovationen, die großserientauglich sind, werden oft von den Automobilherstellern selbst initiiert und schnellstmöglich umgesetzt. Der Zwang, extrem kostengünstig zu produzieren und eine immer höhere Produktqualität zu erzielen, ist der wesentliche Antrieb für einen sehr harten Innovations- und Rationalisierungswettlauf.

Anders sieht es bei vielen Zulieferern aus. Ihr Niveau in Organisation und Technik liegt im Durchschnitt unter dem der Automobilhersteller. Auch sind die Unterschiede zwischen den einzelnen Zulieferbetrieben größer als zwischen den Automobilherstellern. Neben Vorzeigeunternehmen gibt es hier viele Unternehmen, die nicht nur in der Arbeitsorganisation sondern auch in der Automatisierung der Montage und des Materialflusses einigen Nachholbedarf haben. Deshalb sind diese Unternehmen unter dem Druck der Automobilhersteller kurz- bis mittelfristig gezwungen, stark in Automatisierungstechnik zu investieren.

In Branchen wie dem *Papier-/Druckgewerbe* oder der *Feinmechanik/Optik* werden für die genannten Technologiefelder eher geringere Potentiale gesehen. Die Ursachen für diese zurückhaltenden Prognosen sind vielfältig, wie am Beispiel des Papier-/Druckgewerbes deutlich wird.

Grundsätzlich handelt es sich um eine relativ alte Branche mit einem recht hohen technologischen Standard. Die Papierherstellung und das Drucken sind weitgehend automatisiert. In Abhängigkeit von der Art des Druckerzeugnisses, der Auflagenhöhe, dem Druckverfahren usw. gibt es hier selbstverständlich größere Unterschiede. Anders sieht es in der Druckweiterverarbeitung, dem Finishing, aus. Sieht man einmal von der Weiterverarbeitung von Massenprodukten wie Versandhauskatalogen oder Publikumszeitschriften ab, ist der Automatisierungsgrad deutlich niedriger. Besonders Transport- und Handhabungsaufgaben, wie das Abstapeln von auf Paletten gepuffertem Papier oder das Auffächern von Papierbögen vor dem Einlegen in weiterverarbeitende Anlagen, werden noch häufig manuell durchgeführt. Automatisierungshemmend wirken sich aber nicht nur teilweise schwer zu automatisierende Prozesse wie das Auffächern von Papierbögen aus, sondern auch die Unternehmensstruktur der Branche. Im Druckgewerbe beispielsweise haben 70% der Unternehmen weniger als zehn Mitarbeiter. Die geringe Finanzkraft und die daraus resultierende geringe Neigung, in Automatisierungstechnik zu investieren, sind offensichtlich.

Die Betrachtung von Abb. 8.22 unter dem Blickwinkel der Zukunftspotentiale der Technologiefelder führt ebenfalls zu interessanten Ergebnissen. Erwartungsgemäß stehen zwei Felder aus dem Bereich der Informationsverarbeitung an der Spitze: die Steuerungs- und Regelungstechnik sowie die Sensortechnik. Sie sind unverzichtbare Elemente der anderen vier Technologiefelder. Deshalb profitieren die Steuerungs-/Regelungstechnik und die Sensortechnik direkt von den prognostizierten erhöhten Einsatzzahlen in den übrigen vier Technologiefeldern. Darüber hinaus fordert der Trend zu besserer Prozeß- und Produktqualität sowie zu lückenloser Prozeßdokumentation in Zukunft den massiven Einsatz von Sensor- sowie Steuerungs- und Regelungstechnik.

Erst auf den nachfolgenden Rängen folgen dann die Technologiefelder

- Robotertechnik,
- Montagetechnik,
- Materialflußtechnik und
- Verpackungstechnik,

die Produkte „physisch" erzeugen bzw. verändern.

Wie Hersteller von Automatisierungstechnik ihre Konkurrenzfähigkeit verbessern wollen

Wie aber wollen die Hersteller von Automatisierungstechnik ihre Marktanteile ausweiten und ihre Produkte besser verkaufen? Wichtige Maßnahmen betreffen zum einen die Automatisierungstechnik-Produkte selbst und zum anderen die Marktposition der Hersteller.

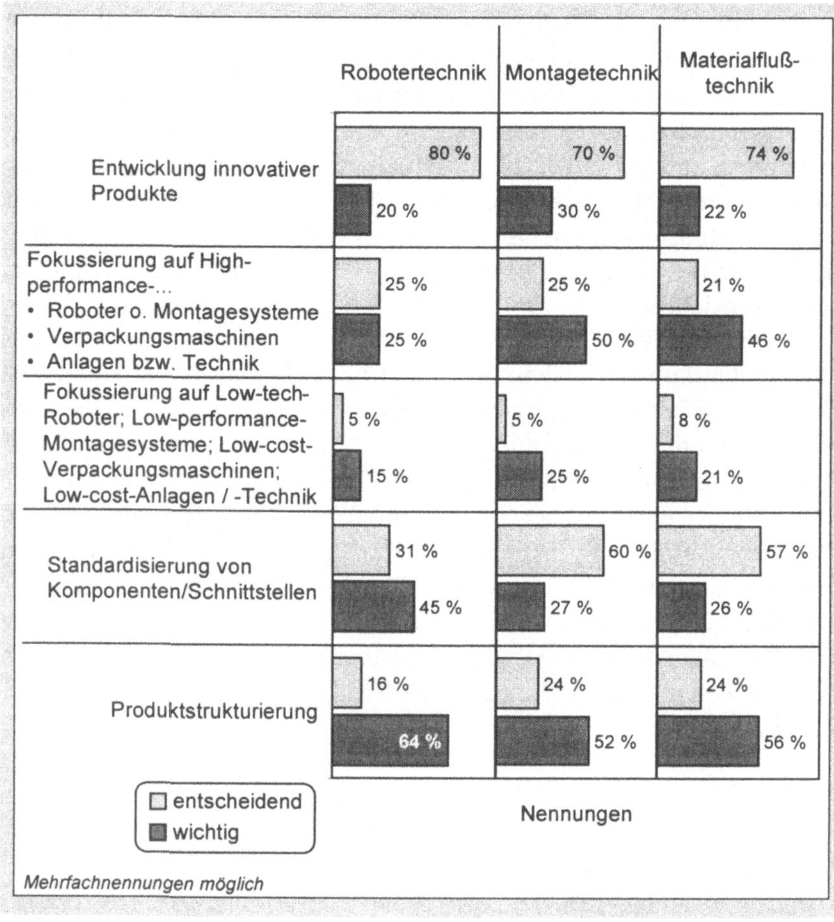

Abb. 8.23. Maßnahmen zur Verbesserung von Automatisierungstechnik-Produkten (1)

Die bedeutendste Maßnahme zur Verbesserung von Automatisierungstechnik-Produkten ist die *Entwicklung innovativer Produkte* (Abb. 8.23 und 8.24). Sie genießt bei den Herstellern unterschiedlicher Technologiefelder einen vergleichbar hohen Rang. Etwa zwischen 70 und 85 % der Hersteller halten die Entwicklung innovativer Produkte für „entscheidend".

Die zweitwichtigste Maßnahme im Produktbereich der Hersteller von Automatisierungstechnik ist die *Standardisierung von Kompo-*

Abb. 8.24. Maßnahmen zur Verbesserung von Automatisierungstechnik-Produkten (2)

nenten und Schnittstellen. Für ungefähr 25 bis 60 % der Befragten ist diese Maßnahme „entscheidend". Zur Verringerung der Variantenvielfalt und der daraus resultierenden Kompatibilitätsprobleme sind vor allem die Montage- und Materialflußtechnikhersteller gezwungen,

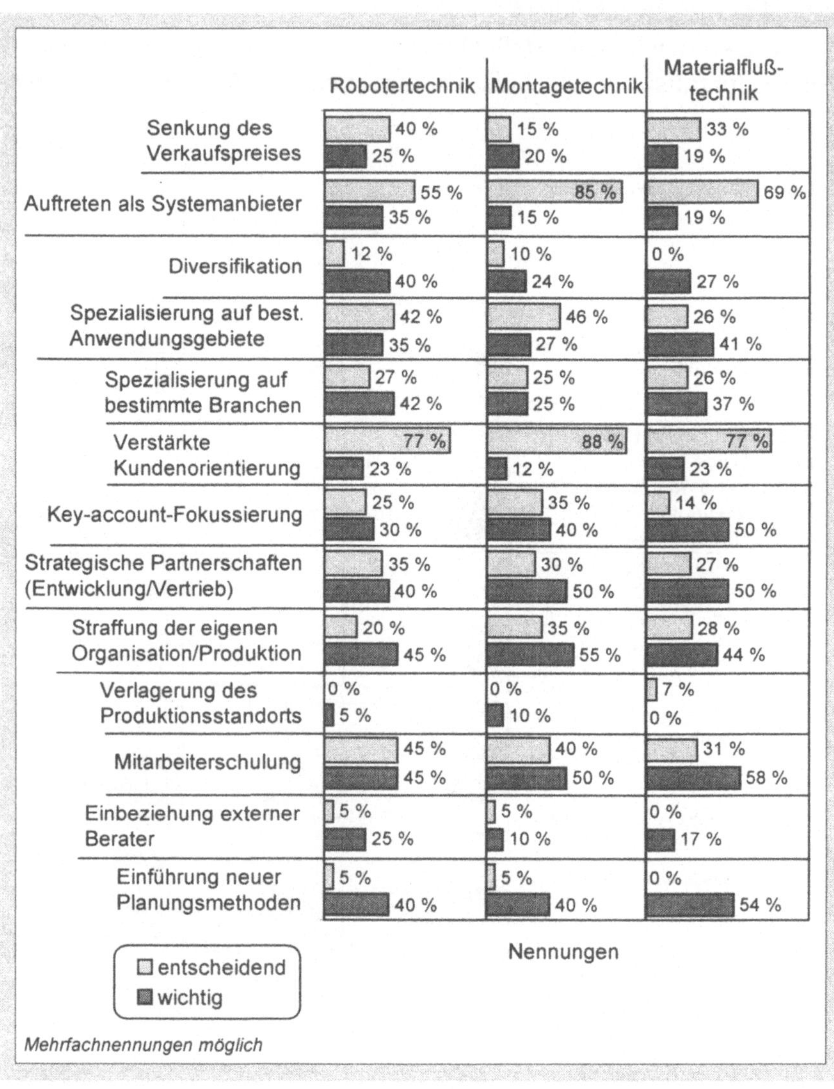

Abb. 8.25. Strategische Maßnahmen zur Stärkung der Marktposition von Automatisierungstechnik-Herstellern (1)

entsprechende Entwicklungsarbeiten zu leisten. Die große Schwankungsbreite bei den Nennungen erklärt sich durch die unterschiedliche Komplexität und Variantenvielfalt sowie den unterschiedlichen Reifegrad der Technologien bzw. Betriebsmittel.

Ebenfalls sehr wichtig für die Hersteller von Automatisierungstechnik ist die *Produktstrukturierung*. Dahinter verbirgt sich vor allem ein modularer Aufbau ihrer Produkte. Dies erleichtert die vom Markt geforderte Variantenbildung sowie die Instandhaltung der Automatisierungstechnik während des Betriebs.

Die Abb. 8.25 und 8.26 zeigen die strategischen Maßnahmen zur Stärkung der Marktposition von Automatisierungstechnik-Herstellern. Vor allen anderen Maßnahmen steht die *verstärkte Kundenorientierung*. Etwa zwischen 70 und 90 % der Hersteller sehen die verstärkte Kundenorientierung als „entscheidend" an. Auf die Kundenorientierung, mit deren Hilfe gerade deutsche Hersteller schon in den vergangenen Jahren bemerkenswerte Erfolge erzielen konnten, baut man also auch in Zukunft. Wenn aber diese Maßnahme auch noch in Zukunft an erster Stelle steht, bedeutet das nichts anderes, als daß auf diesem Gebiet noch einiges zu tun ist und viele Produkte der Automatisierungstechnik-Hersteller noch immer an den Wünschen der Kunden zu stark vorbeigehen.

An zweiter Stelle steht das *Auftreten als Systemanbieter*. 50 bis 85 % der Befragten halten diese Maßnahme für „entscheidend". Vor allem die Hersteller von Montage- und Materialflußtechnik glauben, sich hier noch besonders profilieren zu können. Angesichts der Vielfalt an Betriebsmitteln in diesen Technologiefeldern und den daraus resultierenden Schwierigkeiten, diese sinnvoll und vollständig zu kombinieren, ist dies sicherlich eine richtige Vermutung.

Als drittwichtigste strategische Maßnahme stufen die Automatisierungstechnik-Hersteller die *Schulung der Mitarbeiter* ein. Obwohl „Schulung" schon seit Jahren als eine wichtige Maßnahme zur Mitarbeiter- und damit auch Unternehmensentwicklung gilt, halten etwa 30 bis 60 % der Befragten diese Maßnahme immer noch für „entscheidend". Das Potential im Schulungsbereich scheint noch lange nicht ausgeschöpft zu sein. Bemerkenswert ist auch, daß die Mitarbeiterschulung wichtiger eingeschätzt wird, als so populäre Maßnahmen wie *Spezialisierung auf bestimmte Anwendungsgebiete* oder die *Straffung der eigenen Organisation und Produktion*.

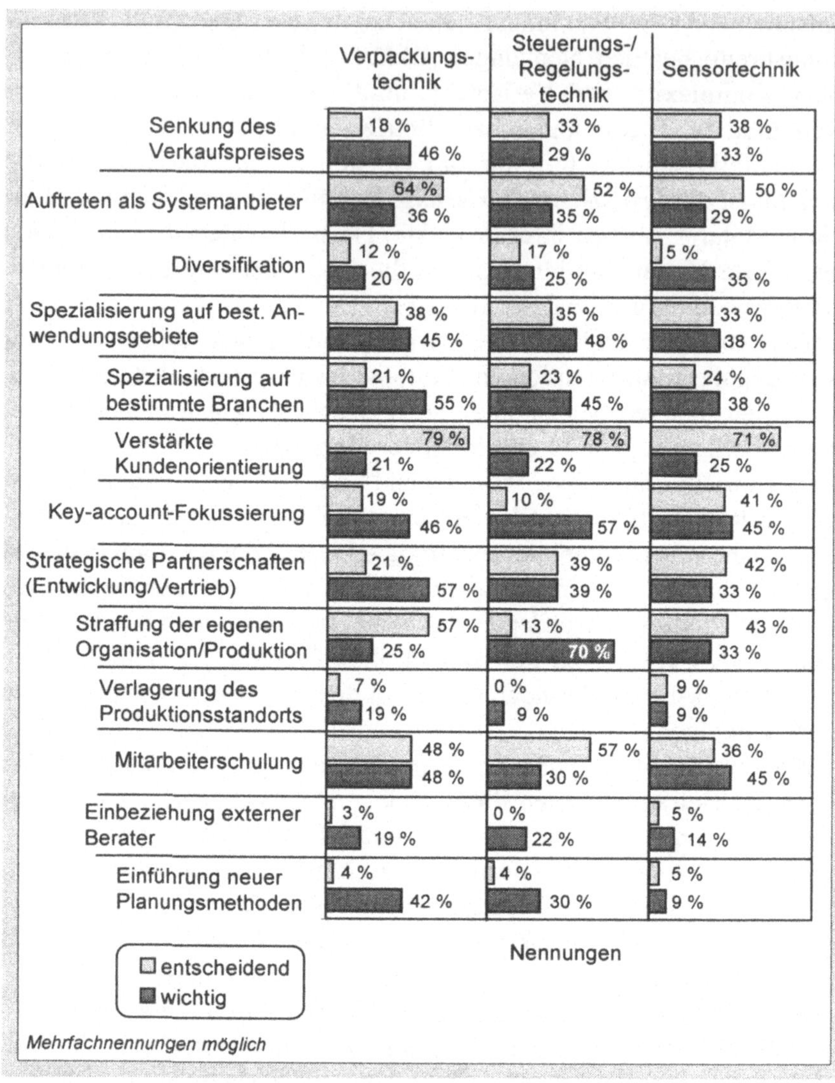

Abb. 8.26. Strategische Maßnahmen zur Stärkung der Marktposition von Automatisierungstechnik-Herstellern (2)

Fazit

Das Technologieniveau innerhalb der Technologiefelder ist bereits heute in vielen Fällen akzeptabel. Trotzdem wird es zukünftig in den untersuchten Technologiefeldern – und nicht nur dort – eine enorme Weiterentwicklung geben. Aus Kundensicht erfreulich ist, daß an der Erfüllung vieler lang gehegter Wünsche intensiv gearbeitet wird. Endlich wird dem Systemgedanken („alles paßt zusammen") herstellerübergreifend tatsächlich Rechnung getragen. Dann passen nicht nur die Systeme eines Herstellers, sondern auch die von Konkurrenten viel besser zusammen. Mehr und mehr Betriebsmittel werden nur noch über diejenigen Funktionen verfügen, die wirklich erforderlich sind. „Funktionsüberfrachtungen" wird es allein schon deshalb immer seltener geben, weil die Kunden verstärkt auf ein ausgewogenes Preis-Leistungsverhältnis bei hoher Qualität und eine leicht zu bedienende Mensch-Maschine-Schnittstelle achten. Viel wird seitens der Hersteller zukünftig auch getan, um besser als bisher mit den Problemen fertig zu werden, die durch die Variantenvielfalt und die abnehmenden Losgrößen der herzustellenden Produkte entstehen.

Literatur

1   Paturi, F. R.: Chronik der Technik. Dortmund: Chronik, 1988

Untersuchungsmethodik

Den größten Teil der Daten für dieses Buch haben wir in zwei Forschungsprojekten erhoben. Die Daten stammen aus zwei Gruppen von Unternehmen in Deutschland. Zum einen wurden Unternehmen besucht, die in ihrer Produktion Automatisierungstechnik einsetzen, zum anderen wurden Hersteller von Automatisierungstechnik schriftlich befragt.

Die wichtigsten Datenquellen für dieses Buch sind:

- *Strukturierte Interviews und Produktionsbegehungen bei Anwendern von Automatisierungstechnik*
  In 40 produzierenden Unternehmen aus unterschiedlichen Branchen wurden anhand strukturierter Leitfäden Interviews mit Führungskräften sowie mit Projektleitern durchgeführt. Bei den Führungskräften handelte es sich hauptsächlich um Geschäftsführer, Betriebsleiter, Produktionsleiter, Leiter der Forschung und Entwicklung oder der Konstruktion und um Technische Leiter. Ausführliche Produktionsbegehungen und zusätzliche „vor Ort" geführte Interviews mit Meistern und Produktionsmitarbeitern ergänzten die Interviews mit den Führungskräften. Insgesamt analysierten wir 68 Automatisierungsprojekte. Ein wichtiges Kriterium war, daß Art, Umfang und Komplexität der automatisierten Prozesse sowie der verwendeten Automatisierungstechnik stark variierten.

- *Fragebogenerhebung bei Herstellern von Automatisierungstechnik*
  Für die Umfrage wurden 544 Unternehmen aus sechs Technologiebereichen angeschrieben. Die Fragen waren sehr umfassend und dienten hauptsächlich der Ermittlung von Technologiedefiziten und -trends. 157 Fragebögen wurden beantwortet (Rücklaufquote 28,9 %) und konnten analysiert werden.

- *Erfahrungshintergrund von IPA-Mitarbeitern*
  Zur Ergänzung und Verifizierung der bei den Unternehmensbesuchen und -befragungen gewonnenen Daten wurde auf am IPA vorhandene Erfahrungen mit Industriekunden zurückgegriffen. Dabei

nutzten wir neben unseren eigenen Erfahrungen aus einer Vielzahl von Beratungs-, Entwicklungs- und Forschungsprojekten für die Industrie auch das Know-how erfahrener Kollegen.

Bei den meisten der dieser Untersuchung zugrundeliegenden Daten handelt es sich um sog. „weiche" oder subjektive Daten, da sie nicht oder nur sehr schwer quantifizierbar sind. Um eine größtmögliche Objektivität der Aussagen in diesem Buch zu erreichen, wurden die Unternehmensbesuche stets im Team durchgeführt und ausführlich nachbereitet.

Sachverzeichnis

Springer
und
Umwelt